茄子无公害标准化

生产技术问答

陈炳强　主编

中国农业出版社

编写人员名单

主　　编　陈炳强

副 主 编　孙培博　杨秀华

参编人员　（按姓名笔画排序）

王同雨　赵玉华　徐桂燕

梁凤美　董汉国

前言

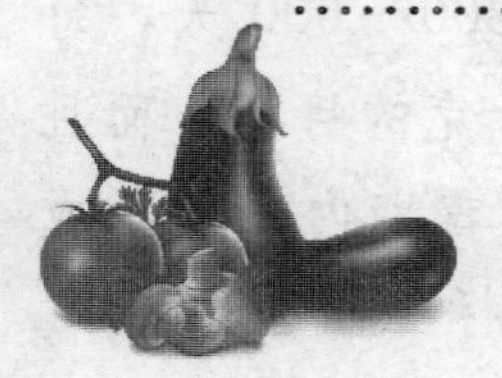

茄子，属茄科、茄属草本植物，原产古印度。公元4～5世纪传入我国，全国栽培普遍。20世纪70年代后，塑料大棚和加温温室的出现，使茄子生产得以快速发展，栽培面积、供应时期和产量都有较大拓宽。80年代末期，节能日光温室的发明，提高了设施保温性能，茄子亦被纳入节能温室中栽培，可连续生长2～3年，产量高，易管理，经济收入大大提高，深为菜农所青睐。保护地设施的发展，使茄子栽培面积、产量、供应期得到更大提升，从而保证我国北方地区实现了商品茄子全年供应。但是由于设施建造投资高，栽培技术复杂，限制了设施栽培的发展，优质商品茄子的供应量难以满足人民的生活需求。

笔者从事设施蔬菜栽培30余年，经过长期实践探索，在变革传统栽培技术的基础上，集成组配了以白天高温，早晨、傍晚和夜间通风排湿，大温差调控室内温度，科学施用生物菌有机肥，及时调控营养生长与生殖生长的关系，适时喷洒天达2116植物细胞膜稳态剂，提高茄子植株自身的免疫力等系统工程技术，指导菜农温室茄子生产，实现了其生育期长达300～600天，每667米^{2}年产商品茄子20 000～25 000千克的目标。而且在比过去少喷药的情况下，实现了全生育期内不发生或基本不发生病害，商品茄子达到绿色的标准，每667米^{2}收入达6万～8万元。今将该技术总结并以问答的方式编写成书，奉献给广大菜农朋友和业界同仁们，希望能帮助广大农民朋友，以求有益于生产实践，为民创收，为国增富。也期盼着温室茄子超高产优质栽培技术能在整个北方得以推广普及。

由于笔者水平所限，书中难免不当之处，敬请各位专家同仁批评指正，以求精益求精。

编　者

2011年8月

目录

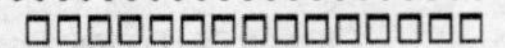

一、茄子的生物学特性与栽培方式

1. 茄子具有什么样的生物学特性?

茄子在植物学上属于茄科（Solanaceae）茄属，是以浆果为产品的一年生草本植物，热带为多年生灌木。学名 *Solanum melongena* L.，也叫伽、落苏、酪酥、昆仑瓜、小菰、紫膨亨。以幼嫩果实供食用，现主要在北半球种植较多。

茄子根系较为发达，主根粗而壮，在不受损害的情况下，能深入土壤达到 1.3～1.7 米，横向伸展达 1.2 米左右。它的主根群分布在 35 厘米以内的土层中，根木质化比较早，再生能力差，不定根的发生能力相对其他蔬菜弱，所以在育苗移栽时必须做好根系保护。茄子耐旱性强，根系需氧量大，田间积水、土壤板结均不利于根系生长，甚至使根系窒息、地上部叶片萎蔫枯死。

茄子茎直立，半木质化、粗壮，茄子的分枝习性为“双杈假轴分枝”。主茎的分枝能力很强，主茎达一定节位，顶芽分化形成花芽，花芽下的两侧芽抽生形成第一次杈状分枝。两个分枝各长出 2～3 片叶后，顶端又形成花芽，其下两个侧芽又以同样的方式生长，形成第二次杈状分枝。只要生长条件适宜、生长时间充足还会出现第三次、第四次分枝。露地栽培不必支架，也不需严格整枝。可稍加培土，防止盛果期植株倒伏。

茄子茎的颜色与果实、叶片的颜色有相关性，一般果实为紫色的品种，其嫩茎及叶柄都带紫色。

茄子单叶、互生、长柄，多为卵圆形或长椭圆形。叶片较大，叶片形状、叶柄颜色常因品种而异。

茄子花为完全花，花冠白色、黄色或淡紫色。雄蕊聚合形成花药筒，雌蕊位于中央，自花授粉。茄子多为单花，有的品种也同时长出2～3朵花。花因雌蕊发育状况而异，雌蕊高于雄蕊者为长柱花，其发育质量好，坐果率高；雌蕊与雄蕊相平者为中柱花，营养条件好时可坐果；雌蕊低于雄蕊者为短柱花，发育质量差，难以坐果。

茄子的果实为浆果，以嫩果供食用，果皮、胎座的海绵状组织为主要食用部分。果实形状、颜色等因品种而已，皮色有紫黑、紫红、绿、白等。

茄子种子为扁卵圆形或扁圆形，黄褐色，表面光滑。种子发育较慢，千粒重3克左右。

2. 茄子的食用价值怎样？

茄子的营养比较丰富，含有蛋白质、脂肪、碳水化合物、维生素以及钙、磷、铁等多种营养成分。一般每100克嫩果含水分93～94克，蛋白质2.3克，碳水化合物3.1克，钙22毫克，磷31毫克，铁0.4毫克，胡萝卜素0.04毫克，硫胺素0.03毫克，核黄素0.04毫克，尼克酸0.5毫克，抗坏血酸3毫克。还含有少量特殊苦味物质茄碱，有降低胆固醇，增强肝脏生理功能的效应。特别是维生素P的含量很高，每100克中可含维生素P 750毫克，这是其他蔬菜水果难以达到的。

3. 茄子有哪些食用方法？

茄子的吃法，荤素皆宜。既可炒、烧、蒸、煮，也可油炸、凉拌、做汤、干制和盐渍，都能烹调出美味可口的菜肴。吃茄子建议不要去皮，它的价值就在皮里面，茄子皮里面含有维生素B，维生素B和维生素C是一对很好的搭档，我们摄入了充足的维生素C，这个维生素C的代谢过程中是需要维生素B的支持；由于现在种植过程中使用太多农药，建议烧煮茄子前一定要用洗涤剂把茄子清洗干净。

4. 茄子可分为几个变种?

茄子可分为3个变种：

①圆茄。植株高大、果实大，果实呈圆球、扁球或椭圆球形，中国北方栽培较多。

②长茄。植株长势中等，果实细长棒状，中国南方普遍栽培。

③矮茄。植株较矮，果实小，卵圆或长卵圆形。

5. 茄子的生长结果习性有哪些特点?

茄子根为直根系，根深可达50厘米左右，横向伸展120厘米左右，大部分布在30厘米耕作层内。茄子茎为“双杈假轴分枝”，在正常情况下，主茎长至7～8片叶后顶端形成花芽，花芽下再生2个分枝，为一级侧枝，一级侧枝再次分叉为二级侧枝，依次发展，可发生三级、四级分枝。主茎顶端花芽结的果实称“门茄”；一级侧枝顶端结的果实称为“对茄”，二级侧枝结的果实称为“四母斗”，三级侧枝的果实称为“八面风”，以后侧枝的果实称为“满天星”。

6. 茄子的生育周期如何?

茄子属于一年生植物，一般分为一下4个生育周期：

（1）发芽期。从种子萌动到第一片真叶出现（破心）为发芽期。适宜温度条件下，需7～9天，所需营养靠胚乳的贮藏养分。

（2）幼苗期。从破心到门茄花现蕾为幼苗期。幼苗生长缓慢，4叶期开始花芽分化，因此，应创造良好条件，防止幼苗期徒长或老化。幼苗健壮，花芽正常分化，可为丰产奠定基础。

（3）始花坐果期。从门茄花现蕾到坐果为始花结果期。此期是由以营养生长为主过渡到以生殖生长与营养生长并重发展的转折时期。应注意控制肥水管理，防止茎叶徒长影响坐果，以提高坐果率。

（4）结果期。从门茄花序坐果到全株采收结束为结果期。在结果期内，植株不断生长、开花、结果，用于果实发育的养分比重逐渐增大。应通过合理整枝、加强肥水管理，使叶子保持旺盛的光合能力，并调节好秧、果在养分需求上的矛盾，以获得丰产。

7. 茄子的生长发育要求什么样的环境条件？

（1）温度。茄子喜温、耐热，其最适宜生长温度为 20～30℃，低于 20℃ 时其生长缓慢，受精和果实发育不良；低于 15～17℃时，生长发育受阻，落花严重；低于 13℃ 时，新陈代谢失调，生长基本停止；0～1℃时则发生冻害；35℃以上时会发生花器官生育障碍，尤其是在夜温高的条件下，呼吸旺盛，碳水化合物消耗大，果实生长缓慢。

（2）光照。茄子喜光，对日照长度和强度的要求较高，长日照下生长旺盛，尤其在苗期，日照延长，花芽分化快，开花早。茄子的光补偿点为 2 000 勒克斯，饱和点为 40 000 勒克斯。光照不足，幼苗发育不良，长柱花减少，产量下降，果实着色不良。

（3）水分。茄子喜水、怕涝，因其枝叶繁茂，蒸腾量大，需水量多，生长期间土壤田间持水量达 80％为好，空气相对湿度以 70％～80％为宜。若湿度过高，病害严重，尤其是土壤积水，易造成沤根死苗。茄子根系发达，较耐干旱，特别是在坐果以前适当控制水分，进行多次中耕能促进根系发育，防止幼苗徒长，利于花芽分化和坐果。

（4）土壤与养分。茄子喜肥、耐热，适于富含有机质及保水保肥力强的壤土与沙壤土地，较耐盐碱，在 pH6.8～7.3 范围内生长良好。茄子对氮、磷、钾三要素的需求量与番茄相似，每生产1 000 千克果实，需氮（N）3～4.3 千克，需磷（P_2O_5）0.7～1 千克，需钾（K_2O）4～6.6 千克。茄子对钙肥、镁肥比较敏感，若土壤中缺镁，其叶脉周围变黄失绿；土壤缺钙，其叶片的网状叶脉变褐，出现铁锈症状。

8. 茄子有哪些栽培方式?

茄子栽培分露地栽培和保护地栽培。

（1）露地栽培主要有以下 3 种方式。

①早熟栽培。利用温床畦作为播种畦，于 12 月下旬播种育苗，于 3 月上、中旬定植于阳畦或 3 月下旬至 4 月初用薄膜小拱棚覆盖。早熟品种可于 5 月中下旬开始采收，7 月份以后拉秧。

②春夏露地栽培。1 月上、中旬用温床畦播种育苗，阳畦分苗，4 月下旬定植。早熟品种 6 月上旬开始采收，晚熟品种 6 月中、下旬开始采收。一般 9 月份以后拉秧，是茄子栽培的主要茬次。

③夏秋栽培。多采用晚熟品种，4 月上、中旬露地播种育苗，麦收后（6 月上中旬）定植。主要采收季节在 8 月至 10 月上、中旬。大圆茄品种适合该季节栽培。

（2）保护地栽培可分为阳畦、小拱棚、大拱棚、温室、联栋温室等保护设施栽培。大拱棚栽培又分春促成茄子栽培、秋延迟茄子栽培；温室栽培又分秋延迟茄子、越冬茄子、早春茄子、越夏茄子等多种方式与其他蔬菜作物轮作栽培。目前主要采用一年一茬式栽培。

一年一茬式栽培一般于 8 月份至 10 月上旬育苗，10 月上、中旬至 11 月份定植，翌年麦收后至 8 月份拉秧。秋延迟茬栽培，于 7 月份育苗，8 月份定植，在大拱棚内栽培，11 月上、中旬拉秧；温室栽培，翌年 1～2 月份拉秧，后定植茄果类或豆类。早春茬栽培于 12～1 月份育苗，温室栽培 1～2 月份定植，6～8 月份拉秧；大拱棚栽培，2月底3月初定植，6～8月份拉秧，后栽培茄果类、豆类或叶菜类蔬菜，或一直生长至11月份再拉秧。越夏栽培在内陆高温地区，需在温室或大拱棚内加盖遮阳网遮阴降温，4～5月份育苗，5～6月份定植，8～10月份拉秧。高原冷凉地区可直接实行露地越夏栽培。

二、无公害生产技术有关知识

1. 什么是无公害茄子？

我们所说的无公害茄子，简单一点说，是按照无公害的标准生产的茄子。它属于农业标准化生产范畴。通俗地说：产前基地选择要达到环境质量标准；产中生产要按照操作规程进行；产后商品要达到产品质量标准，然后经有关部门认证并允许使用无公害产品标志的未经加工或初加工的茄子。这是一个相对概念，不包括标准更高、要求更严的绿色食品（分为A级和AA两级）和与国际接轨的有机食品。绿色食品是遵循可持续发展原则，按照绿色食品标准生产，经过专门机构认定，使用绿色食品标志的安全、优质食品。而有机食品是指采取一种有机的耕作和加工方式的，产品符合国际或国家有机食品要求和标准，并通过国家认证机构认证的一切农副产品及其加工品。

2. 无公害茄子生产的重要意义是什么？

蔬菜是人们生活中必需的、不可缺少的副食品，它的质量直接关系到人民的生活水平和身体健康，也关系着生产者的产品价位和效益的高低。如今环境保护的意义已为人们所共识，回归自然、享受自然食品和绿色食品已成为社会发展的一种标志，无公害产品、绿色食品和有机食品已经成为国际农副产品贸易的最基本要求。随着我国加入世贸组织，农副产品无公害生产势在必行。随着改革开放和人民生活水平的不断提高，我国许多地区人民的消费方式已由温饱型逐渐转向保健型，无公害食品、绿色食品和有机食品受到了消费者和政府部门的普遍重视，一些地方政府（如上海、郑州、重庆市等）已明令上市蔬菜等食品必须达到“无公害”标准，国家也专门成立了绿色食品管理机构进行管理。但由于现在蔬菜在生产中滥用农药、化肥污染作物，造成蔬菜品质下降，不仅使蔬菜有残毒，还污染周围的水域、土壤和大气，进而影响到后季蔬菜的质量；蔬菜生产基地的选址不当，所处环境中土壤、水体、大气污染严重，则所生产的蔬菜品质难以保证。这些劣质、带残毒的蔬菜，不仅严重影响了人民群众的身体健康，而且在市场上难有竞争力，价位不高，生产者也难以获得好的效益。因此，随着社会经济的发展和人民生活水平的提高，人们对蔬菜的质量要求越来越高，蔬菜的无公害生产有着重要意义。

3. 进行无公害茄子生产可带来哪些效益？

（1）生态效益。从总体上看，蔬菜是一类弱质的植物群体，在长期的进化与人工选择过程中，品质逐渐提高，而抗逆性却大大减弱。长期以来，蔬菜作物都是在人工培育的良好环境下栽培。随着现代科学的进步，蔬菜栽培的产量有明显的提高，与此同时，对化肥、农药以及其他化工产品的依赖性也越来越大。过量施用化肥，特别是氮素肥料，破坏了长期以来农民培育的良好菜田的土壤团粒结构，导致土壤肥力逐渐下降，为维持菜田的眼前生产力，愈发增加化肥使用量，如此反复的恶性循环，导致菜田土壤生产环境不断地恶化。与此同时，过量施用的氮素化肥，不仅资源浪费，且污染水体，造成水中硝酸盐含量过高的后果；化学农药的施用对防治病虫危害，保产增产起到不小的作用，但与此同时，也杀死了天敌，破坏了自然界生态区系及昆虫、微生物与植物之间的生态平衡关系，危害蔬菜的有害昆虫及微生物的抗药性逐渐增高，最终会导致病虫灾害发生严重，甚至达到难以控制的严重后果。更有甚者，这些化学物质通过食品链进入生态系统的循环之中，污染了人的生态环境，也包括人体本身。

无公害蔬菜的生产并不一概排斥农药、化肥及其他工业化学产品的应用，只要在使用品种、剂量、时期、方法等各方面加以规范与控制，使其对生态环境的破坏降低到最小程度，既保护了良好的生态环境，也为持续稳定地发展蔬菜生产创造了有利条件，同时也保护了人类的身体健康，其生态效益显著。

（2）社会效益。开发无公害蔬菜的显著社会效益在于保证了消费者的身体健康。人类的发展本来就是和大自然结合在一起的，随着社会的前进、人口的增加、工业的发展，环境被污染了，水资源、土壤以至植物、动物都受到污染，导致食品中有害物质含量超过了人体可以接受的限度，成了“有害食品”。随着社会的不断进步，在社会经济发展到一定阶段，为了人类自身的安全及子孙后代健康繁衍，我们要把它重新恢复过来，使我们每天吃的食品（包括每天不可缺少的蔬菜）不含有害化学物质，基本达到无公害的质量标准。所以发展无公害蔬菜提高人民的生活质量，保障人民身体健康，意义重大。

怎样才能使人的生活质量，特别是人的膳食水平与现代科学、现代社会同步发展，即饮食如何现代化的问题？这里不排斥档次的提高，但是设想，吃的档次都是“高”的，但却污染严重，危害人类健康，这能称得上饮食现代化吗？无公害蔬菜的开发，就是从人们每天都离不开的主要副食品的角度提高档次，逐步向饮食现代化的方向发展，是提高人民生活质量的重要途径，其所产生的巨大的社会效益怎样估计都不过分。

（3）经济效益。市场经济是讲究经济效益的，在蔬菜市场竞争日益激烈的条件下，提高质量是开拓市场的主要条件，开发无公害蔬菜是一个很好的途径。蔬菜无公害化、绿色化要求必然会提到日程上来，只要加强宣传，导向市场，讲究信誉，无公害蔬菜会被市场经济接受，而且会越来越受到消费者的欢迎。

社会效益与经济效益是相符相成的，蔬菜无公害化、绿色化的普及，对进一步提高广大人民生活水平与质量具有重要意义。

4. 无公害茄子中的“公害”有哪几种?

无公害茄子中的“公害”主要包括以下 4 种：

一是农药残留，二是硝酸盐、亚硝酸盐，三是重金属，四是有害微生物及其他有害物质。

5. 无公害茄子对产地环境有哪些要求?

所谓产地环境是指影响茄子生长发育的各种天然的和经过人工改造的自然因素的总体，包括农业用地、用水、大气、生物及周边环境等。茄子的品质和产量是与环境息息相关的。环境条件符合茄子生长发育要求，茄子产量和品质就高，就能满足人们的需要，就能保证人们的身体健康，菜农经济效益就高。环境条件不适宜茄子生长发育特性，其品质和产量就低，就不能满足人们需要，进而种植茄子效益就差。若产地环境不符合国家有关标准和规范，所生产的茄子就会含有对人体有害的重金属等有害物质，将会被国家强制禁止上市，甚至销毁。因此茄子产地应选择在远离城市，无“三废”，不受污染源影响或污染物含量限制在允许范围之内，生态环境良好的农业生产区域。土壤中重金属背景值高的地区，与土壤、水源环境有关的地方及病害高发区不能作为无公害茄子的生产地。

6. 无公害茄子生产操作规程的主要内容是什么?

茄子的生产过程必须符合国家有关规定。这里要求茄子生产者和经营者必须从播种、栽植到管理，从收获到初加工的全过程，都必须严格按照有关标准进行，科学合理使用肥料、农药、灌溉用水等农业投入品。禁止使用剧毒、高毒、高残留和致癌、致畸、致突变的“三致”农药及其复配制剂，控制使用高效低毒低残留农药及其他化学品（包括肥料和激素等）。而且要控制好使用量、使用时期及使用方法，要认真做好生产档案纪录。

7. 农药对人体的危害主要表现在哪些方面？

农药主要由 3 条途径进入人体内：一是偶然大量接触，如误食、皮肤接触；二是长期接触一定量的农药，如农药厂的工人和使用者（农民与有关技术人员）；三是日常生活接触环境和食品中的残留农药，后者是大量人群遭受农药污染的主要原因。环境中大量的残留农药可通过食物链经生物富集作用，最终进入人体。农药对人体的危害主要表现为 3 种形式：急性中毒、慢性危害和致癌、致畸、致突变的“三致”危害。

（1）急性中毒。农药经口、呼吸道或身体接触而大量进入人体内，在短时间内表现出的急性病理反应为急性中毒。急性中毒往往表现为急性发作异常症状，并造成大量个体死亡，是最明显的农药危害。

（2）慢性危害。长期接触或食用含有农药的食品，可使农药在体内不断蓄积，对人体健康构成潜在威胁。有机氯农药已被欧共体禁用 30 年，而联邦德国一所大学对法兰克福、慕尼黑等城市的 262 名儿童进行检查，其中 17 名新生儿体内脂肪中含有聚氯联苯，含量高达 1.6 毫克/千克脂肪。

（3）致癌、致畸、致突变。国际癌症研究机构根据动物实验证明，18 种广泛使用的农药具有明显的致癌性，还有 16 种显示潜在的致癌危险性。据估计，美国与农药有关的癌症患者数约占全国癌症患者总数的 10%。越战期间，美军在越南喷洒了大量植物脱叶剂，致使不少接触过脱叶剂的美军士兵和越南平民得了癌症、遗传缺陷及其他疾病。

8. 怎样控制"农药残留"超标?

农药喷洒到作物或土壤中，经过一段时间，由于光照、自然降解、雨淋、高温挥发、微生物分解和植物代谢等作用，绝大部分已消失，但还会有微量的农药残留。残留农药一般对病、虫和杂草无效，但对人畜和有益生物却会造成危害。在农药使用范围和使用量不断扩大的情况下，控制农药残留，保证人畜安全、健康，已成为必须尽快解决的问题。那么，如何最大限度地控制农药残留呢?

第一，合理使用农药。应根据农药的性质，病虫草害的发生、发展规律，科学、辩证地施用农药，力争以最少的用量获得最大的防治效果。合理用药一般应注意以下几个问题：

①对症用药，掌握用药的关键期与最有效的施药方法。

②注意用药的浓度与用量，掌握正确的施药量。

③改进农药性能，如加入表面活性剂有机硅等，以改善药液的展着性和渗透性能，提高效果，减少用量。

④推广应用生物制剂和高效、低毒、低残留农药，并要合理混用农药。

第二，安全使用农药。应严格遵守《农药安全使用规定》、《农药安全使用标准》等法规，实行"预防为主、综合防治"的植保方针。积极发展高效、低毒、低残留的农药品种，严禁使用禁用、限用的高毒、高残留和"三致"农药。严禁高毒、高残留和"三致"农药用于果树、蔬菜、粮食、中药材、烟草等作物，禁止利用农药毒杀鱼、虾、青蛙和有益的鸟兽等，施用农药一定要在安全间隔期内进行。

第三，采取避毒措施。在遭受农药污染较严重的地区，一定时期内不栽种易吸收农药的作物，可栽培抗病、抗虫作物新品种，减少农药的施用。

第四，实行“预防为主、综合防治”的植保方针。认真实行农作物的合理轮作、倒茬，选用抗病品种，增施生物菌有机肥料，减少速效氮素化肥使用量，推广温室、大拱棚等设施栽培，并在设施栽培中推行防虫网等农业防治措施；积极开展性诱激素、以虫治虫、以菌治虫防病等生物防治措施；大力推广黑光灯、诱虫板等物理防治措施；在设施栽培中实行白天高温调控、夜间通风降湿、防虫网封闭通风口的生态防治措施；科学进行化学农药防治病虫害。

第五，掌握好收获期。不允许在安全间隔期内收获和利用栽培作物。各种药剂因其分解、消失的速度不同，作物的生长趋势和季节也不同，因而具有不同的安全间隔期，收获时该作物离最后喷药的时间越远越好。

第六，进行去污处理。对残留在作物、果蔬表面的农药可作去污处理。如通过暴晒、清洗等方法，减少或去除农药残留污染。

第七，大力推广使用天达 2116、农药降残剂等，降解农药残留。据山东外贸和植保部门试验，喷洒天达 2116 能有效降解作物的农药残留。

9. 哪些农药在茄子上禁用、限用?

全面禁止使用的农药（23 种）：六六六、滴滴涕、毒杀芬、二溴氯丙烷、二溴乙烷、杀虫脒（克死螨）、除草醚、艾氏剂、狄氏剂、汞制剂、砷、铅类无机制剂、敌枯双、氟乙酰胺、甘氟、毒鼠强、氟乙酸钠、毒鼠硅、甲胺磷、对硫磷、甲基对硫磷、久效磷、磷胺等。

限制使用的农药（19 种）：甲拌磷、甲基异柳磷、特丁硫磷、甲基硫环硫、治螟磷、内吸磷、克百威（呋喃丹）、涕灭威、灭线磷、硫环磷、蝇毒磷、地虫硫磷、氯唑磷、苯线磷、三氯杀螨醇、氰戊菊酯、氧乐果、丁酰肼、氟虫腈。

10. 亚硝酸盐对人体有哪些危害?

（1）急性中毒。亚硝酸盐为强氧化剂，进入人体后，可使血液中低铁血红蛋白氧化成高铁血红蛋白，使血红蛋白失去携氧能力，致使组织缺氧，并对周围血管有扩张作用。急性亚硝酸盐中毒多见于当作食盐误服。中毒的主要特点是由于组织缺氧引起的紫绀现象，如口唇、舌尖、指尖青紫；重者眼结膜、面部及全身皮肤青紫，头晕头疼、乏力、心跳加速、嗜睡或烦躁、呼吸困难、恶心呕吐、腹痛腹泻；严重者昏迷、惊厥、大小便失禁，可因呼吸衰竭而死亡。一般人体摄入 0.3～0.5 克的亚硝酸盐可引起中毒，超过 3 克则可致死。

（2）致癌性及致畸性。亚硝酸盐的危害还不只是使人中毒，它还有致癌作用。亚硝酸盐可以与食物或胃中的仲胺类物质作用转化为亚硝胺。

亚硝胺具有强烈的致癌作用，可引发食管癌、胃癌、肝癌和大肠癌等。因此，我们应多吃一些大蒜、绿茶以及富含维生素 C 的食物，这些食物都可以防止胃中亚硝胺的形成或抑制亚硝胺的致癌突变作用。

另外，亚硝酸盐能够透过胎盘进入胎儿体内，6 个月以内的胎儿对亚硝酸盐特别敏感。研究表明，5 岁以下儿童发生脑癌的相对危险度增高与母体经食物摄入的亚硝酸盐量有关。此外，亚硝酸盐还可通过乳汁进入婴儿体内，造成婴儿机体组织缺氧，皮肤、黏膜出现青紫斑。

11. 茄子中亚硝酸盐含量超标主要由哪些因素引起的?

人类摄入硝酸盐的主要来源，81.2%来自蔬菜。2001 年 8 月，国家质检总局公布的《农产品质量安全——无公害蔬菜安全要求》对蔬菜中的硝酸盐、亚硝酸盐含量作了限量规定：瓜果类≤600 毫克/千克，根茎类≤1 200 毫克/千克，叶菜类≤3 000

毫克/千克，亚硝酸盐（以亚硝酸钠计）≤4.0毫克/千克。根据目前多次检测结果发现，蔬菜中硝酸盐、亚硝酸含量超标时有发生，究其原因是在蔬菜生产中过量施用氮肥，特别是过量施用速效无机态氮肥，从而造成氮、磷、钾养分比例失调，不但不能满足蔬菜生产的养分需要，影响到蔬菜产量而且会造成蔬菜产品硝酸盐、亚硝酸盐超标，严重影响蔬菜品质。一些农户为了提高产量，盲目增施氮肥，形成了恶性循环，不但产量上不去，质量也急剧下降。在温室蔬菜生产中施用有机肥时，也产生一种偏差，认为有机肥使用得越多越好。诚然有机肥可改良土壤结构，增加土壤中有机质的含量，有利于蔬菜的生产，但不合理过多地施用有机肥，特别是大量施用鸡粪，同样也会造成蔬菜中硝酸盐、亚硝酸盐含量的积累，导致二者含量超标。

蔬菜中硝酸盐和亚硝酸盐的含量不仅与蔬菜种类、品种、器官、生育期有关，还受土壤肥料、温度、光照、湿度等外界环境条件的影响。如何控制蔬菜硝酸盐、亚硝酸盐含量应引起大家足够重视。

12. 怎样控制茄子亚硝酸盐含量超标?

研究结果表明，偏施和滥施氮肥是造成茄子中硝酸盐和亚硝酸盐含量增加的主要原因，同时，土壤中的磷、钾素缺乏，会影响植物蛋白质合成及光合磷酸化等许多生理生化过程，从而也直接或间接地影响硝酸盐积累。

增施生物菌有机肥料是一项降低茄子中硝酸盐、亚硝酸盐积累，提高产品品质的有效农业措施。一方面由于生物菌有机肥中的大量有益生物菌在其快速繁育过程中能把土壤中的无机态氮转化成有机态氮，降低土壤速效氮浓度，同时有机肥料利于养分缓慢释放，可更好地满足茄子对养分吸收的要求；另一方面有机质促进了土壤反硝化作用，可降低土壤硝态氮的浓度。有机肥料与化学肥料配合施用，既能改良土壤，又可有效控制和降低茄子中硝酸盐、亚硝酸盐的含量，提高茄子产量与品质。

速效氮素化肥使用时，应以适量的铵态氮与硝态氮掺混入有机肥料中，通过生物菌发酵后施用，这样不会造成土壤无机氮素的快速升高，可有效地降低茄子中硝酸盐和亚硝酸盐含量。

叶面喷施0.02%～0.05%的钼酸铵、0.05%～0.10%的硫酸锰，可使植株体内硝酸盐含量降低。因为钼是硝酸还原酶的组成部分，锰是多种代谢酶的活化剂。喷洒草酸、甘氨酸等，亦可明显降低茄子中的硝酸盐含量。

此外，光照、温度和水分也是影响茄子硝酸盐和亚硝酸盐含量的显著因素。

光照强度：在施等量氮肥条件下，降低光照强度，可使茄子体内硝酸盐积累增加。这是由于在低光照强度下，茄子体内的硝酸还原酶活性降低造成的。所以在茄子生产中，要想方设法增加光照强度，方法如下：

一是合理密度、降低架面高度和间作套种。这样可避免作物相互遮阴。适当稀植并不是简单地降低单位面积上的株数，而是合理密植，实行宽窄行栽培，密度要适宜，株行距配置要合理。

二是在大棚等设施茄子栽培中，要采取诸如更新棚膜、及时清除棚膜上的尘土等杂物、后部张挂反光幕、增设辅助光源等措施来增加光照强度。

温度调控：在一定的温度范围内，温度越高，茄子体内硝酸盐含量越高。这是因为随着温度升高，茄子对硝酸盐的同化量和吸收量都有所增加，而提高温度对硝酸盐吸收的作用远远大于对硝酸盐同化的促进作用；同时，由于在高温条件下，加速了土壤的硝化作用及根的生长和组织的渗透性，从而茄子从土壤中吸收的硝态氮增加，导致茄子体内硝酸盐、亚硝酸盐含量增加。所以在茄子生长的适宜温度范围内，应适当采取较低温度。

水分管理：在干旱情况下，茄子的硝酸还原酶合成受阻，分解加快，从而使茄子体内硝酸还原酶的含量下降，活性降低，硝酸盐的积累显著增加。所以在茄子栽培中应注意及时灌水、勤灌水，使硝酸盐含量降低。

13. 无公害茄子生产技术要点是什么?

无公害茄子是指茄子中农药、硝酸盐、亚硝酸盐及重金属等有害物质的含量控制在国家标准规定范围之内的商品茄子。要生产无公害茄子，必须以环境良好的生产基地为基础，以农业部制定的无公害蔬菜生产技术操作规程为指导，以控制有害物质的残留和污染为核心，抓好农产品的安全生产，特别是农药和肥料的合理使用。

在施肥上不论基肥还是追肥都应尽量减少速效无机氮肥的施用量，大力推广生物菌有机肥、腐熟动物粪肥、饼肥、绿肥和秸秆还田，施用速效无机氮肥时应将其掺混入动物粪肥中，通过生物菌发酵腐熟，转化成有机态氮肥后施用。

预防病虫草害喷洒农药时，必须严格遵循国家有关条例，禁止使用剧毒、高毒、高残留和致癌、致畸、致突变的农药；喷洒农药时要配合使用天达2116，提高防治效果，降解农药残留，实现产品无公害、绿色化，力争达到有机产品标准。

14. 应该怎样建立无公害茄子生产基地?

建立稳定的高标准、无公害基地是生产无公害茄子的前提条件。基地必须选择在远离城市、工矿企业、发电厂、医院、公路、飞机场、车站、码头及城市垃圾场等容易发生污染的地方，选择生态环境良好的农业生产区域。基地内不得堆放垃圾、工矿废渣，不得用工业废水灌溉菜田，不受污染源的影响。基地的环境须经农业环保部门检验，符合国家规定的《农产品安全质量无公害蔬菜产地环境要求》，并定期对基地的环境和茄子产品进行检测，特别是对大气、土壤、灌溉水和茄子中的硝酸盐、亚硝酸盐、农药及重金属等有害物质的含量进行综合评价。同时应采取先进的科学管理手段和技术措施，使基地环境不受污染，形成一套良性循环的生态系统。

三、茄子的测土配方施肥技术

1. 茄子所必需的营养元素有哪些？

茄子必需的营养元素是指：茄子正常生长不可缺少的，缺少时会呈现专一的缺素症，当补充它后才能恢复或预防。一般新鲜蔬菜含有75%～90%的水分和10%～25%的干物质。干物质中，组成植物有机体的碳、氢、氧、氮4种主要元素占95%以上；剩余的为钙、钾、硅、磷、硫、氯、铝、钠、铁、锰、锌、硼、铜、钼等几十种灰分元素，只占1%～5%。茄子生长所必需的营养元素称为必需元素，包括碳、氢、氧、氮、磷、钾、钙、镁、硫、铁、锰、锌、硼、钼等。它们在作物体内都具有各自的生理功能，缺少就会出现缺素症，导致作物生长发育不正常。必需元素除碳、氢、氧为植物通过光合作用从自然界中吸取外，其余均来源于土壤，称为矿质元素，其中氮、磷、钾因作物需求量大，被称为大量元素；钙、镁、硫需量较多，称为中量元素；铁、锰、锌、硼、钼等需求量很少，称为微量元素。

2. 栽培无公害茄子时应该选择什么样的土壤？

栽培无公害茄子首先应注意选择远离城市居民居住集中区、工矿企业、医院、交通干线等容易发生污染的地方，并且没有空气、水源和土壤污染，富含有机质、透气性良好，既保肥、保水，又排水良好的腐殖质含量高的壤土地最为适宜；若在黏质土壤中栽培茄子，则生育迟缓，幼苗生长缓慢，但经济寿命长，产量较高；若选用沙质土栽培，则茄子发棵快，结果早，但相对于黏质土壤易老化早衰。

3. 茄子的需肥特点有哪些？

作为蔬菜的一种，茄子因为生长期相对较长，生长量大，生物学产量高等因素，所以在需肥上有以下特点：

（1）需肥量大。茄子是营养生长与生殖生长并进的作物，其产量高、结果周期长、需肥量大，其茎、叶和果实中氮、磷、钾等营养元素含量均比大田作物高，试验得知每生产 1 000 千克茄子，需吸收氮（N）2.7～3.3 千克、磷（P_2O_5）0.7～0.8 千克、钾（K_2O）4.7～5.1 千克、钙（CaO）1.2 千克、镁（MgO）0.5 千克。一般生产条件下每 667 米^2 可产茄子 7 000 千克以上，其吸收盛期平均每天吸收氮 285 克、磷 69 克、钾 410 克，各种元素吸收量与产量呈正相关。故茄子与大田作物相比有需肥量大的特点。

（2）从茄子生产中肥料吸收的全过程来看，植株对各种肥料成分的吸收量呈抛物线形。尤其是从采收开始，对肥料的吸收非常活跃，直到采收盛期，日吸收量达到最大值。在采收期，需要大量的氮和钾。故施肥时可以把总量 1/3～1/2 的氮肥、钾肥和全部磷肥作为基肥，其余的在结果期适时、适量、结合浇水作追肥施入。

（3）茄子根系。茄子根系主要分布在表土下 35 厘米以内，10～25 厘米处最为密集。底肥用量不宜过多，一般每 667 米^2 基肥用量不应超过 5 000 千克，以免土壤溶液浓度过高，诱发秧苗生长发育不整齐，推迟结果。茄子追肥应少量多次，按其需肥规律施入，并要注意经常锄地，疏松土壤，促进根系发育。

（4）钙、镁等元素对茄子的发育也是重要的。钙在作物体内以果胶酸钙的形态存在，钙能消耗作物代谢过程中所形成的有机酸，是细胞壁中胶层的组成部分。土壤中钙量不足，茄子生长发育受阻，生长点易坏死，叶片变褐，影响叶片的光合作用，茄果易得脐腐病、易发生裂果，因此应注意及时补钙。

茄子苗期对磷肥的需求特别敏感，此期缺磷，对茄子的生长发育危害严重，且在后期无法补救，因此苗床土壤应适当施用磷酸二铵。结果期对钾的需求量大，随结果量的增长，应逐渐加大钾肥的追施量。

（5）土壤溶液浓度高。蔬菜作物对土壤溶液浓度要求要比大田作物高。

4. 什么是测土配方施肥？其主要作用有哪些？

测土配方施肥是综合运用现代农业科技成果，根据作物需肥规律、土壤养分状况和供肥性能与肥料效应，在施用有机肥为基础的条件下，产前提出氮、磷、钾和微量元素的适宜用量和比例，以及相应施用方法的技术。

目前，茄子栽培使用了较多的化学肥料，虽然在一定程度上提高了茄子产量，但同时也降低了茄子品质，给土壤带来了负面影响，造成土壤肥力衰退和环境污染等。不合理的施肥也导致了“果没味了，田难种了”的现象越来越严重。测土配方施肥是一项先进成熟的科学技术，可广泛应用于农业生产，实现节本增产增效的目的，其主要作用：

（1）调肥增产增效。在不增加化肥投入的前提下，通过调整化肥氮、磷、钾及微肥的比例，起到增产增收的作用。

（2）减肥增产增效。在高产地区，习惯性施肥措施往往以高投入而获取高产出，造成肥料施用量居高不下，通过测土配方施肥技术的应用，适量减少某一肥料的用量，特别是氮肥的用量，以取得增产或平产的效果，实现减肥增效的目的。

（3）补素增产增效。对于偏施、重施单一品种肥料的地区，通过合理配方施用肥料，达到缺素补素的目的，可使农作物大幅度增产、增效。

5. 无公害茄子的施肥原则是什么？应该怎样科学施肥？

无公害茄子生产的施肥原则是：以保持或增加土壤肥力及生物活性为目的，确保施入土壤中的各种肥料不得含有有害生物、重金属、农药等对产品造成污染的有害物质，所有肥料，尤其是富含氮的肥料，应不对环境和茄子的品质产生不良的后果，符合国家制定的相关肥料使用准则，并最大限度地提高肥料的利用率。

茄子栽培中，施肥时一要以有机肥为主，辅以其他化学肥料；使用化肥应以多元复合肥为主，单元素肥料为辅。使用速效化肥应掺混入动物粪便中发酵，把无机态速效肥料元素转化成有机态缓释肥。基肥施用量不要过多，一般每 667 米^{2}5 000 千克左右为宜；追肥要少量多次进行，要冲施腐熟有机粪肥和生物菌肥，尽量限制化肥、特别是速效氮肥的施用，如确实需要，要严格限制其用量，并应注意掌握以下原则：

①严格控制使用硝态化学氮肥，产品收获前 30 天禁止使用硝态氮肥。

②严格控制施用量，每 667 米^2 每次追施量不得超过 25 千克。

③追施速效氮素化肥必须掺加有机肥发酵，将其转化成有机态氮后施用。

④少用、尽量不用叶面喷施氮肥。

⑤最后一次追施化肥应在收获前 30 天以前进行。

二要增施生物菌有机肥，生物菌肥一能增加土壤团粒结构，提高土壤的有机质含量和保水保肥能力，增强土壤微生物活力，且供肥全面，对于茄子的产量和品质都有明显的增效作用；二能减轻茄子，特别是保护地栽培因连作诱发加重的土传病害。生物菌有机肥应以厩肥、禽肥、秸秆堆肥、牛羊肥、饼肥、人粪尿等为主，在这些肥料中掺加生物菌充分发酵腐熟，杀死有害病原菌及寄生虫卵等。方法是：在使用前将肥料均匀掺加生物菌后堆积起来用塑料薄膜覆盖，薄膜四周用土压实、封严，进行发酵。施用前6～8天将薄膜揭去，把肥料充分翻动，使发酵时产生的有害废气散发掉，以免对茄子产生危害。施用基肥时将发酵腐熟的有机肥均匀撒入地面，随即耕地翻入土内。追肥自门茄坐稳后开始，结合灌溉每667米^{2}每次冲施腐熟生物菌有机肥200～400千克，每10天左右一次，直至拔秧前20天结束。

三要测土平衡施肥，测土平衡施肥是根据土壤养分状况和供肥能力、肥料种类及茄子需肥规律，提出的科学施肥方法，在使用生物菌有机肥的基础上，依据茄子目标产量，提出氮、磷、钾、钙、硫、镁和微肥的适当用量和比例，以及相应的施肥技术。养分平衡是生产优质高产无公害茄子的基础，任何一种营养元素缺乏或过量，都会造成茄子产量降低、品质下降。尤其是过量施用氮肥，能使土壤中硝酸盐含量增加，从而导致茄子体内硝酸盐、亚硝酸盐含量提高，品质变劣；而且氮肥使用量过多还会拮抗对钾、钙、镁、铁、锌等肥料元素的吸收，造成生理性失调，诱发营养生长过旺，推迟坐果。茄子菜田要依据土壤养分测定值，按照产量指标，进行科学配方施肥，这不仅能改善茄子品质，降低产品体内硝酸盐、亚硝酸盐含量，而且还能提高茄子的抗病性能。为防止茄果硝酸盐、亚硝酸盐含量超标，在茄子的整个生育期中都不应使用硝态氮肥。

6. 茄子缺氮的特征有哪些？如何诊断？

茄子早期缺氮一般表现为植株矮小、生长发育不良，叶片小而薄，叶色淡而发黄，茎细弱，生长缓慢。缺氮症状首先从基部叶片开始失绿，渐渐发黄，并逐步向上发展，直至整株叶片失绿而变为黄绿色。中后期缺氮往往花芽颜色变黄，易脱落，果小，木质素含量高。缺氮时蛋白质合成受阻，导致细胞小而壁厚，植株矮小瘦弱，花蕾容易脱落，果实小而少，产量低，品质差。

7. 茄子施用氮肥过剩有什么表现？

氮肥是茄子生产中的主要肥料，合理施用氮肥可以提高茄子的产量，但是氮肥在茄子上的施用量是有极限的，当超过一定的量时，蔬菜氮素营养供应过多，整个茄子植株会出现不健壮的徒长。如发生在花蕾期，幼果发育受到影响，会发生坐果障碍，造成大量落花落果。另一方面植株的徒长使群体过大，互相遮蔽，光照条件恶化，光合作用降低，产量下降，并会导致病害频繁发生。茄子氮素营养供应过多，不但会造成茄子产量和品质下降，而且还会产生有害物质。主要表现在随着氮肥施用量的增加，显著增加茄子中的硝酸盐含量，人食用后，硝酸盐会还原成亚硝酸离子，亚硝酸离子是一种强致癌物质，对人体有害。一次性摄入过多，会发生急性中毒，长期食用会诱发癌症。氮肥施用过多，茄子的维生素 C、可溶性总糖的含量会显著下降，果实的适口性变差，品质恶化，不耐贮运。同时，茄子施用氮肥过多，还会对钾、钙、镁等元素发生拮抗作用，抑制吸收，使果实中的钙、镁等营养元素显著减少。

8. 茄子缺磷有什么特征？如何诊断？

缺磷一般表现为生长迟缓，植株矮小，瘦弱，直立，分枝少，果实小，延迟成熟。缺磷植株的叶片小，易脱落，多呈暗绿色，且无光泽，有时因叶片中有花青素积累而呈现紫红色。当缺磷严重时，叶片枯死、脱落。缺磷症状多从基部老叶开始，逐渐向上部发展。缺磷影响茄子花芽分化，花芽分化延迟，结果晚，有时果实呈畸形。

9. 茄子施用磷肥过剩的表现是什么？

磷素过多，茄子植株叶片肥厚而密集，叶色浓绿，植株易早衰。根系发达，根数量极多，但短粗。磷素过多会固定钙、镁、铁、锌等金属离子，从而引起缺锌、缺镁、缺铁等生理性失绿病症。茄子磷素过剩，幼果生长不久就很快老化，表皮无光泽，失去商品价值。

10. 怎样识别与防治茄子缺钾症？

茄子缺钾症状一般在生长发育中后期才能看出来，缺钾时植株生长缓慢、矮化。缺钾首先表现在植株中下部老叶上，叶片尖端沿叶缘逐渐变黄，并出现褐色斑点或斑块状死亡组织，但叶脉两侧和中部仍保持原有色泽，有时叶卷曲褶皱，植株较柔弱，抗病力降低，易感染病虫害。严重缺钾时，幼叶上也会发生同样的症状，直到大部分叶片边缘枯萎、变褐，茎细小而柔弱，易倒伏，果实畸形。缺钾时，茄子内硝酸盐含量增加，蛋白质含量下降，根系生长明显停滞，细根和根毛生长差，经常出现根腐病，易倒伏；高温、干旱时，植株易失水萎蔫。

缺钾时首先要注意增施生物菌有机肥料和钾肥，控制氮肥使用量，加强锄地，提高土壤温度和土壤透气性，增强根系活性。

第二，注意喷洒 600 倍天达 2116，促进根系发达，通过增强根系活性，提高植株的抗逆性能。

第三，结合浇水冲施硫酸钾或磷酸二氢钾，每 667 米^{2}5～10 千克，每 5～10 天 1 次，连续冲施 3～4 次。

第四，叶面喷洒 0.4%的硫酸钾，或 0.4%磷酸二氢钾液，每 5～7 天 1 次，连续喷洒 3～4 次。

11. 怎样识别与防治茄子缺钙症？

茄子吸收的钙在植株体中起多种作用，可以抑制病菌的侵染，提高植株的抗病性，一旦缺钙，就会发生种种生理性异常症状：茄子植株新生部位、根毛生育停滞，萎缩死亡，生长点新叶粘连，不能正常展开，展开的新叶常焦边，果实多发生脐腐病，茄果顶端易出现凹陷，变黑褐色坏死。

缺钙时首先要注意增施生物菌有机肥料和过磷酸钙，适当控制氮肥使用量，及时灌溉，防止土壤忽干忽湿，加强锄地，提高土壤温度和土壤透气性，增强根系活性。

第二，注意喷洒 600 倍天达 2116，促进根系发达，通过提高根系活性，增强植株的抗逆性能。

第三，结合浇水冲施硫酸钙或氯化钙，每 667 米^{2}5～8 千克。

第四，叶面喷洒 0.4%的硫酸钙，或 0.4%氯化钙，或 1%过磷酸钙浸出液，每 5～7 天 1 次，连续喷洒 2～3 次。

12. 怎样识别与防治茄子缺镁症?

镁是叶绿素的重要组成成分，茄子缺镁时植株矮小，从中下部叶片开始叶脉间明显失绿，叶片逐渐黄化，最后整叶变黄，植株生长发育不良。镁在植株体内易移动，当土壤缺镁时，果实附近叶片中的镁会先调运给果实，供果实发育之需。因此，缺镁时先是中下部叶片叶脉间黄化，向两侧发展，严重时叶片自下而上逐渐枯死。

缺镁时，首先要注意增施生物菌有机肥料，提高土壤温度和土壤透气性，增强根系活性。每 667 米^2 增施硫酸镁 8～10 千克，补充土壤镁元素。

第二，注意喷洒 600 倍天达 2116，促进根系发达，通过提高根系活性，增强植株的抗逆性能。

第三，结合浇水冲施硫酸镁，每 667 米^{2}3～5 千克。

第四，叶面喷洒 0.4%的硫酸镁或 0.4%氯化镁液，每 5～7 天 1 次，连续喷洒 3～5 次。

13. 怎样识别与防治茄子缺硫症?

茄子缺硫，植株普遍缺绿黄化，后期生长受抑制。缺硫时一般先在幼叶（芽）上开始黄化，叶脉先缺绿，后遍及全叶，叶片细小上卷，严重时老叶变黄，甚至变白，但叶肉仍呈绿色。缺硫严重时茎细弱，根系细长不分枝，开花结实推迟，果少。供氮充足时缺硫症状主要发生在蔬菜植株的新叶，供氮不足时，缺硫症状则发生在蔬菜的老叶上。

缺硫时，首先要注意增施生物菌有机肥料，提高土壤温度和土壤透气性，增强根系活性。氮肥应改用硫酸铵，钾肥改用硫酸钾，磷肥改用过磷酸钙。

第二，注意喷洒 600 倍天达 2116，促进根系发达，通过提高根系活性，增强植株的抗逆性能。

第三，结合浇水冲施硫酸镁、硫酸钙、过磷酸钙等含硫肥料，每 667 米^{2}5～10 千克。

第四，叶面喷洒 0.4％的硫酸镁、或硫酸钙、或 0.4％硫酸铵、或硫酸钾等肥液，每 5～7 天 1 次，连续喷洒 3～5 次。

14. 怎样识别与防治茄子缺铁症？

铁是形成叶绿素必需的营养元素之一，植株缺铁便产生失绿症，铁在植物体内移动性极差，茄子缺铁时从新叶片的最尖端表现出病症，顶芽和新叶变黄、白化，最初在叶脉间部分失绿，仅在叶脉残留网状的绿色，严重缺铁时上部叶片可全部变黄白色，并出现褐色坏死斑点。

缺铁时，首先要注意增施生物菌有机肥料，提高土壤温度和土壤透气性，增强根系活性。每 667 米^2 增施硫酸亚铁 10 千克，补充土壤铁元素。

第二，注意喷洒 600 倍天达 2116，促进根系发达，通过提高根系活性，增强植株的抗逆性能。

第三，结合浇水冲施硫酸亚铁，每 667 米^{2}5～10 千克。

第四，叶面喷洒 0.3％的硫酸亚铁液，每 5～7 天 1 次，连续喷洒 3～5 次。

15. 怎样识别与防治茄子缺硼症?

茄子缺硼，生长点受抑制，节间变短，叶脉萎缩，叶片变小，坏死，变褐色，芽尖卷曲、枯黄、萎缩，植株矮化，严重者生长点停滞、枯萎，甚至死亡，形成枯顶现象。植株中部叶片横茎大于纵茎，叶面皱缩不平整，叶脉扭曲、变厚、变脆，易折断，叶色变深，茎和叶柄缩短、变粗、变硬、变脆，严重时开裂，并有木栓化现象和水渍状坏死斑。

茄子缺硼时花少而小，花粉粒少而畸形，生活力弱，不易完成正常的受精过程，结实率低，果实发育不良，甚至畸形，果皮、果肉坏死、木栓化。

缺硼时，首先要注意增施生物菌有机肥料，提高土壤温度和土壤透气性，增强根系活性。

第二，每 667 米^2 增施硼肥 1.0～1.5 千克，补充土壤硼元素。

第三，注意喷洒 600 倍天达 2116，促进根系发达，通过提高根系活性，增强植株的抗逆性能。

第四，结合浇水每 667 米^2 冲施硼砂 1.0～1.5 千克。

第五，叶面喷洒 0.3%的硼砂液，或 1 000 倍硼尔美液，每 5～7 天 1 次，连续 2～3 次。

16. 怎样识别与防治茄子缺锌症?

锌对茄子组织的正常发育具有重要意义。茄子缺锌，植株顶端先受影响，易发生顶枯现象，或叶片上产生斑点或失绿，严重时叶片坏死。

缺锌时，首先要注意增施生物菌有机肥料，提高土壤温度和土壤透气性，增强根系活性。每 667 米^2 增施硫酸锌 1 千克，补充土壤锌元素。

第二，注意喷洒 600 倍天达 2116，促进根系发达，通过提高根系活性，增强植株的抗逆性能。

第三，结合浇水冲施硫酸锌，每667米^{2}0.5～1千克。

第四，叶面喷洒0.3%的硫酸锌液，每5～7天1次，连续喷洒2～3次。

17. 在同一地块连续种植几年茄子后为什么长不好、产量大幅度下降?

茄子种植的头几年，长势健壮，产量较高，但是随着连作年限的增加，长势越来越差，病害越来越重，产量逐年下降，这种现象是因为连作造成的，称为土壤连作障害。

连作障害几乎在所有作物上均会发生，因为每种作物的病害种类、对各种肥料元素的吸收比例多是相对稳定的，连续长期种植同一种作物，土壤中这种作物所需求的肥料种类会逐年减少，特别是某些微量元素会逐年缺乏，如果不注意配方施肥，不及时补施该种作物所必需的微量元素，作物必然发生缺素症，严重影响其生长发育，而且逐年加重，产量就会越来越低。再是连续长期种植同一种作物，侵染该作物的那些土传病菌随着病害的发生发展，会在土壤中逐年累积，病菌数量逐年增多，病害必然逐年加重。

18. 怎样解决茄子连作障害?

解决茄子连作障害最有效的方法是实行轮作。如果确实需要在同一地块上连续种植茄子，必须采取以下技术措施，以便减少连作障害发生。

（1）增施有机肥料和微肥，减少速效化学肥料，特别是速效氮素化学肥料的施用量。

（2）土壤使用生物菌，并用生物菌发酵有机肥料和必须使用的速效化学肥料。有益的生物菌，如枯草芽孢杆菌、侧孢芽孢杆菌、放线菌、木霉菌等有益菌类，施入土壤和肥料中后会快速繁育，土壤中菌体数量猛增，这些菌类在繁育增殖过程中会吸收土壤和肥料中的各种肥料元素，它不但会吸收速效的氮、磷、钾、钙、镁、硫及各种微量元素，而且还会富积已经被土壤固定的各种肥料元素，将其变成自己的菌体。这些菌体在不断的更新，新菌大量发生，老菌不断死亡，死亡的菌体会转化为腐殖质，腐殖质虽然量少，但是对土壤的作用巨大。腐殖质具有黏结作用，能把细小土粒黏和成团粒，增加土壤团粒结构；腐殖质带有负电荷，能把土壤溶液中的游离态、带正电荷的 NH_4^+、K^+、Ca^{2+}、Mg^{2+}、Zn^{2+}、Fe^{2+}、Cu^{2+} 等肥料元素离子吸附于土壤团粒上，能显著提高土壤的保水保肥性能，大大降低土壤溶液浓度，减少土壤中过多的肥料元素对茄子根系的伤害，从而可大大改善土壤的理化性能，显著消除连作障害。

生物菌大量繁育后，土壤中有益的生物菌数量快速增加，这些有益菌能分泌释放抗生素、生长素、氨基酸等有机物质，不但能促进茄子根系发达，而且能显著抑制土壤中有害真菌、细菌、病毒的繁育，并能不同程度的消灭土壤有害菌类，从而减少土传病害的发生，促进茄子植株的生长发育。

土壤有机质还具有缓冲性，能够调节土壤的酸碱度（pH）。土壤溶液处于酸性时，溶液中的氢离子（H^+）可与土壤胶体上所吸附的盐基离子进行交换，从而降低了土壤溶液的酸度；当土壤溶液处于碱性时，溶液中氢氧根离子（OH^-）又可与胶体上吸附的氢离子（H^+）结合生成水（H_2O），降低土壤溶液的碱度。因此在盐碱性土壤中，增施生物菌有机肥料，是改良盐碱地的最有效途径之一。

有机肥料不但含有大量的有机质，而且还含有氮、磷、钾、钙、镁、硫等大中量元素和硼、铁、锌、锰、铜、钼、氯、硅等微量元素，养分齐全，大量施用能显著增加、补充土壤养分，解决因连作引起的土壤缺素问题。

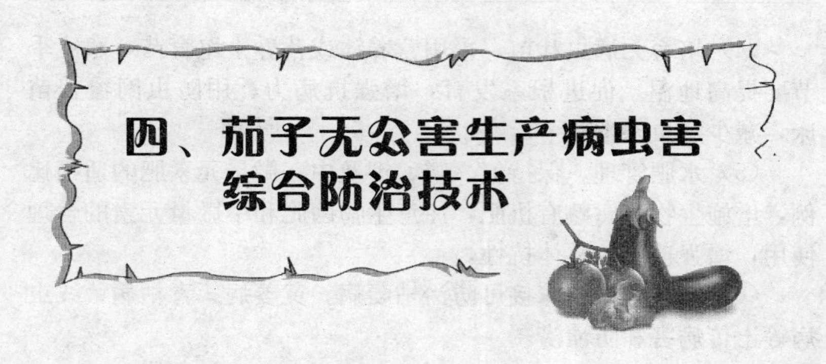

四、茄子无公害生产病虫害综合防治技术

1. 无公害茄子生产病虫害综合防治技术主要有哪些？

贯彻“预防为主、综合防治”的植保方针是无公害茄子生产的关键策略。在综合防治中，要以农业防治为基础，因此，要做到因地制宜，合理运用化学防治、生物防治、物理防治、生态防治等综合防治措施，达到经济、安全、有效地控制病虫危害。

2. 什么是农业防治？主要技术措施有哪些？

农业防治是指利用农业管理手段和栽培技术，创造适宜蔬菜生长发育和有益生物生存繁殖而不利于病虫害侵染和生长发育的环境条件，避免病虫发生或减轻病虫危害。

（1）选择抗病良种。在选择适销对路、适合本地种植品种的前提下，应种植丰产、优质、抗病虫、抗逆性强的品种。同时要掌握品种的栽培特性，做到良种良法配套。注意品种抗性表现和变化，一旦抗性丧失，应及时更新品种。

（2）选择生产基地。选择生态条件良好，无工矿企业污染源，远离城镇、医院、垃圾场和主要交通要道，并保持空气和灌溉水清洁；基地菜田要选择排灌方便、土层深厚、疏松、肥沃的壤土或沙壤土，并符合土壤环境质量规定。

（3）要合理安排茬口。实行茄子与不同种类蔬菜轮作倒茬，不重茬栽培。

（4）培育无病虫壮苗。采用营养钵或营养土坨育苗，寒冷季节要提高地温，促进根系发育，增强抗病力；用防虫网覆盖苗床，减少病虫发生。

（5）水肥管理。保持氮、磷、钾及中、微量元素肥的适当比例，增施生物菌腐熟有机肥，注意生物菌肥和中微量元素的合理使用，增强茄子的整体抗性。

（6）嫁接换根。嫁接可防治枯萎病、黄萎病、青枯病、线虫病等土传病害和防渍涝。

3. 什么是物理防治？主要技术措施有哪些？

利用光、热、温、湿和机械等手段防治病虫害的方法称为物理防治。其主要技术措施：

（1）设施防护。保护设施的通风口或门窗处增设防虫网，夏季覆盖塑料薄膜、防虫网和遮阳网，可避雨、遮阳、防病虫侵入。

（2）诱杀。利用害虫的趋避性进行防治。如黑光灯可诱杀300多种害虫；频振式杀虫灯既可诱杀害虫，又能保护天敌；悬挂黄色黏虫板或黄色机油板诱杀蚜虫、粉虱及斑潜蝇等；糖醋液诱杀夜蛾科害虫；地面铺设或覆盖银灰膜或银灰拉网、悬挂银灰膜条驱避蚜虫等。

（3）臭氧防治。保护地利用臭氧发生器定时释放臭氧防治病虫害。

4. 什么是生物防治？其主要技术有哪些？

利用生物和微生物来防治病虫害的方法称为生物防治，主要内容如下：

（1）利用昆虫天敌。如利用赤眼蜂防治菜青虫、小菜蛾、斜纹夜蛾、菜螟、棉铃虫等鳞翅目害虫，草蛉可捕食蚜虫、粉虱、叶螨以及多种鳞翅目害虫卵和初孵幼虫，小茧蜂防治蚜虫，丽蚜小蜂防治螨类；注意保护利用瓢虫、食蚜蝇、猎蝽、草岭等捕食性昆虫天敌，减少蚜虫、红蜘蛛、介壳虫等为害。

（2）微生物防治。菜蛾特、苏云金杆菌（Bt）、白僵菌、绿僵菌等菌剂可防治小菜蛾、菜青虫；昆虫病毒如甜菜夜蛾核型多角体病毒可防治甜菜夜蛾，棉铃虫核型多角体病毒可防治棉铃虫和烟青虫，小菜蛾和菜青虫颗粒病毒可分别防治小菜蛾和菜青虫，阿维菌素、微孢子虫等原生动物可防治多种害虫。

（3）生物药剂。农用抗生素如农抗120和多抗霉素可防治猝倒病、霜霉病、白粉病、枯萎病、黑斑病和疫病，井冈霉素防治立枯病、白绢病、纹枯病等；庆大霉素、小诺霉素防治软腐病、溃疡病、青枯病和细菌斑点病等细菌性病害；庆丰霉素、武夷菌素、多抗霉素及新植霉素等农用抗菌素可防治多种病害；茄子花叶病毒卫星疫苗S32和烟草花叶病毒弱毒疫苗N14防治病毒病；植物源农药如印楝素、黎芦碱醇溶液可减轻小菜蛾、甜菜夜蛾、烟粉虱危害；苦参碱、苦楝、烟碱等对多种蔬菜害虫有一定的防治作用；米螨、卡死克、抑太保等昆虫激素也能防治蔬菜害虫；各种食心虫的性诱激素能诱扑其雄性成虫和预测预报成虫羽化规律。

5. 什么是生态防治？其主要内容有哪些？

通过调整作物生长所在地周边的温度、湿度、光照等环境条件，改变作物的生态环境，使之基本能适应作物的生长发育，而不适应于病害、虫害的侵染和生长发育，从而达到预防病虫害发生的良好效果。例如在设施中栽培茄子，白天空气温度维持在32～35℃，下午14点左右开始逐渐加大风口，降温排湿，落日时维持温度在16～18℃，放草帘后开启顶风口，防止夜间室内起雾、结露水，并通过调整风口大小、开启时间长短，使清晨室内温度维持在12～14℃。这样白天高温、夜间低湿的环境条件既可保障茄子正常的生长发育，又能抑制设施栽培茄子经常发生的褐纹病、灰霉病等病菌的侵染和发展，从而达到预防病害发生的目的。

6. 什么是化学防治?

化学防治是利用化学农药防治病虫害的有效手段，化学农药虽有其污染环境、破坏生态平衡、产生抗性等弊病，但是由于它具备防治对象广、防治效果好、速度快，能进行工业化生产的特性，因此，它仍然是防治病虫害的最主要手段，特别是病害流行、虫害爆发时，更是有效的防治措施，离开化学防治，茄子的稳产、高产、高效实际上是不可能做到的。

7. 无公害茄子生产中应该怎样科学使用农药?

化学防治的关键是科学合理地用药，既要有效地防治病虫为害，又要减少污染，使茄子中的农药残留量控制在允许范围内。为提高防治效果，做到无公害化生产，在进行化学防治时应注意做到：

（1）要严格按照国家制定的《无公害蔬菜农药使用标准》的要求使用农药。具体做到以下几点：一是禁止使用高毒、高残留和致畸、致癌、致突变的农药及使神经系统中毒的农药，如林丹、甲基对硫磷、氧化乐果、克百威、杀虫脒等；二是控制使用易中毒和全杀性农药的使用次数和使用量，如菊酯类农药；三是以农业防治和生态防治为基础，优先使用生物和生化农药进行防治，如苏云金杆菌、棉铃虫核型多角体病毒、多抗霉素、井冈霉素、阿维菌素等；推广使用高效、低毒、低残留的化学农药，如啶虫脒、虫酰肼、灭幼脲、多菌灵等；四是掌握农药使用操作规程，提高农药使用技术，严防人、畜中毒，防止对畜、禽、鱼、蚕、蜂等养殖业动物和生态环境、水源等造成污染和危害；五是防止对蔬菜基地环境造成污染。

（2）正确选用药剂。根据病虫害种类、农药性质，采用不同的杀菌剂和杀虫剂来防治，做到对症下药。所使用的农药必须经过农业部农药检定所登记，不得使用没有登记和无生产许可证的农药，特别是“四无”伪劣农药。应特别注意选择高效、低毒、安全、无污染的农药。要合理配药，切勿随意提高施用倍数和几种不同性质的农药胡乱混配，造成药品失效。如含铜、锰、锌等成分农药，与含磷酸根的叶面肥混用，则铜、锰、锌等金属离子会被磷酸根固定而使农药失效。严禁重复喷药，以免发生药害。灭虫时应尽量选用生物农药，如防治棉铃虫、小菜蛾等鳞翅目害虫，宜选用25%天达灭幼脲3号、20%虫酰肼及阿维菌素类等胃毒和触杀性药剂，这类药品对人、畜安全，不污染环境，对有益昆虫无杀伤力，对害虫不产生交互抗性，其选择性强，既能保护天敌、维护生态平衡，又能有效地控制害虫危害。防治红蜘蛛、蚜虫、介壳虫等刺吸式口器害虫，应选用阿维菌素、吡虫啉、啶虫脒等药剂。防治病害时，应准确的诊断病害，做到因病施药，切忌不明情况，盲目用药，以免浪费农药，达不到防治效果，甚至造成药害。

（3）掌握施药时机。根据病虫害的发生规律，找出薄弱环节，及时施药，适时喷药，真正做到防重于治。防治鳞翅目害虫，应在虫卵孵化盛期用药；防治蚜虫、红蜘蛛等其他害虫，应在害虫的发生初期用药；防治各种病害，应在发病之前或发生初期用药。要特别注意每种药剂都有一定的残效期，如果喷药间隔时间太长，势必给病虫提供可乘之机，对作物造成危害，因此必须用药及时、适时。

（4）科学使用天达2116、有机硅等农药增效剂、展着剂、渗透剂。只要不是碱性农药，科学掺加天达2116和有机硅，不但能提高植物体自身的抗逆性和免疫力，促进扎根，增强光合作用，减少病害发生，增加产量，而且可提高农药的分散性、浸润性、渗透性、黏着性和药剂自身活性，可以显著减少药剂的使用量和喷洒次数，节约用药、增强药效，提高防效，起到事半功倍的效果，还能显著降低农药在蔬菜中的残留量。

（5）轮换交替使用不同种类的农药，防止或延缓病虫产生抗药性。在茄子病虫防治中，长期连续使用同一种农药或同类型的农药，极易引起病虫的抗药性，降低防治效果。因此，要根据病虫害的特点，选用几种作用机制不同的农药交替使用，有利于延缓病虫产生抗药性，既可达到良好的防治效果，又可减少农药使用量，降低茄子中农药的残留量。

（6）提高喷药质量。多数病菌都来自土壤，且叶片反面的气孔数目明显多于正面，病菌很容易从叶片反面气孔中侵入，引起发病。因此，喷药时要做到喷布周密细致，使叶片正反两面、茎蔓、果实、地面，都要全面着药，特别是地面和叶片反面，更要着药均匀。

（7）合理进行农药的混用。茄子生长中，几种病虫混合发生时，为节省劳力，可将几种农药混合使用。农药混用，要遵守以下几个原则：一是混合后不能产生物理和化学反应，对遇碱性物质能分解失效的农药，不能与碱性农药混用；二是混合后对茄子无不良影响，不增加毒性；三是混合后应有兼治和增效的作用；四是混合后不增加防治成本。

（8）准确掌握农药使用浓度。按农药说明书推荐的使用剂量、浓度准确配药，不能为追求高防效随意加大用药量。配制时，应持专用量具准确量取所需农药。

（9）严格遵守农药安全使用准则。一是严格掌握安全间隔期。安全间隔是指茄子最后一次施药时间距收获期的天数。不同农药品种及使用季节，其安全间隔期不同。二是严格按规定施药。遵守农药使用的范围、防治对象、用药量、用药限次等事项，不得盲目更改。三是遵守农药安全操作规程。农药应存放在安全的地方，配药人员要戴胶皮手套，拌过药的种子应尽量用机具播种，施药人员必须全身防护，操作时禁止吸烟、喝水、吃东西，不能用手擦嘴、脸、眼睛，每天施药时间一般不得超过 6 小时，如出现不良反应，应立即脱去污染的衣服、鞋、帽、手套，然后立即用清洁水漱口，肥皂水擦洗手、脸和皮肤等暴露部位，并及时送医院治疗。

（10）看天气施药。一般应在无风的晴天进行，气温对药效也有一定影响，要根据天气情况，灵活使用农药，避开每天的高温（高于28℃）时间喷洒，以免发生药害。预防病害用药应在雨前和连阴天气来临之前喷洒，设施栽培茄子应在灌水和变天之前用药。

8. 怎样识别和防治茄子黄萎病？

症状：茄子黄萎病又名凋萎病、黑心病，苗期与成株均可发病，多从门茄坐果后开始发病，先是植株下部叶片近叶柄处叶缘部及叶脉间发黄，逐渐发展成半边叶或整叶变黄，叶缘上卷，最后干枯脱落。发病初期，晴天植株萎蔫，早晚尚能恢复，严重后不再恢复，植株枯死。有时同一植株上，部分枝叶发病，其余部分无症状，剖开病茎基部，其木质部呈灰褐色或棕褐色。

茄子黄萎病是由半知菌亚门、轮枝孢属真菌侵染致病。病菌以菌丝体厚垣孢子随病残体在土壤中越冬，并能长期存活。条件适宜时，病菌从伤口或幼根表皮及根毛直接侵入，在维管束内繁殖。带菌土壤是其主要传染源，种子亦可带菌传播。病菌主要靠雨水、灌溉和人们农事操作传播。其适宜发病温度为20～26℃，土壤温度高时发病重，地势低洼、土壤黏重、透气不良、氮肥使用过多时发病重。气温高于38℃时病菌受抑制。

防治方法：认真执行“预防为主、综合防治”的植保方针，抓好农业、生态和化学等综合防治措施。

（1）实行轮作、深翻改土。结合深翻，土壤喷施“旺得丰”等生物菌土壤改良剂或“免深耕”调理剂，增施有机肥料、磷钾肥和中微肥，适量施用氮肥，改善土壤结构，提高保肥保水性能，促进根系发达，植株健壮。

（2）选用抗病品种。种子严格消毒，培育无菌壮苗；定植前7天和当天，分别细致喷洒2次杀菌保护剂，做到净苗入室，减少病害发生。

（3）嫁接育苗。利用赤茄、托鲁巴姆、刚果茄、刺茄等做砧木嫁接育苗，培育抗病植株。

（4）物理灭菌。温室栽培茄子，栽植前实行高温焖室，铲除室内残留病菌，栽植以后，严格实行封闭型管理，防止外来病菌侵入和互相传播病害。

（5）结合根外追肥防治其他病虫害。每10～15天喷施1次600～1 000倍天达2116，连续喷洒4～6次，提高茄子植株自身的适应性和抗逆性，提高光合效率，促进植株健壮。

（6）加强肥水管理。搞好肥水管理，调控好植株营养生长与生殖生长的关系，促进植株健壮生长，提高营养水平，增强抗病能力。

（7）搞好温室调控。温室栽培茄子须全面覆盖地膜，加强通气，增施二氧化碳气肥，调节好温室的温度与空气相对湿度，使温度白天维持在25～35℃，夜晚维持在14～20℃，空气相对湿度控制在70%以下，以利于茄子正常的生长发育，不利于病害的侵染发展，达到防治病害的目的。

（8）及时清除病源。注意观察，发现少量发病叶果，立即摘除深埋，铲除病原。

（9）化学防治。在化学防治上，定植前要搞好土壤消毒，结合翻耕，每667米^{2}喷洒3 000倍99%天达恶霉灵药液50千克，或撒施70%敌克松可湿性粉剂2.5千克，或70%的甲霜灵锰锌2.5千克，杀灭土壤中残留病菌。

定植后，每15～20天喷洒1次1∶1∶200倍等量式波尔多液，进行保护，防止发病（注意不要喷洒开放的花蕾和生长点上）。每喷用2次波尔多液之间，喷1次600倍瓜茄果专业型天达2116（或5 000倍康凯、或5 000倍芸薹素内酯）加1 000倍扑海因（或800倍百菌清）加3 000～6 000倍有机硅加300倍硫酸钾混合液，与波尔多液交替喷洒。

如果已经开始发病，主要用药如下：

3 000倍99%恶霉灵，或1 000倍天达裕丰，或700倍72%杜邦克露，或500倍50%多菌灵可湿性粉剂，或800倍75%甲基托布津，或400倍23%络氨铜，或500倍黄腐酸盐。以上药剂任选1种分别掺加600倍天达2116加3 000～6 000倍有机硅加300倍硫酸钾加100倍发酵牛奶混合液灌根，每株用量150～200毫升，每10天一次，交替灌根2～3次。植株喷洒每7～10天1次，交替用药，连续喷洒2～3次即可消灭。

9. 怎样识别和防治茄子褐纹病?

症状：茄子褐纹病又名干腐病，是茄子生产中的重要病害，发病后一般减产15%左右，严重的达50%以上。

茄子从苗期到成株期，地上各部位均可发病，以果实受害最重。苗期发病，茎基部出现褐色梭形病斑，稍凹陷，上散生黑色点粒，严重时幼苗猝倒死亡。

叶片发病，先在下部叶片上产生圆形或不规则形水浸状小斑点，后病斑逐渐扩大，边缘深褐色，中部灰白色，上面轮生许多黑色小点粒。

果实受害，开始产生浅褐色、近圆形的凹陷病斑，后变黑褐色，逐渐扩大，严重时可遍及全果，造成果实腐烂。病斑上散生黑色小点粒，有同心轮纹，潮湿时，病果迅速腐烂，常落地软腐或在枝上干缩成僵果。

茎被害，初为水渍状菱形斑、凹陷，边缘暗褐色，中间灰白色，病部有许多隆起的黑色小点粒。上部叶片易萎蔫，并易从病部折断。当病斑环绕枝干一周时植株枯死。

茄子褐纹病是由半知菌亚门、拟茎点霉属真菌侵染所致。病菌以菌丝体、分生孢子器随病残体在土表越冬，也可以菌丝体潜伏在种子内或以分生孢子黏附在种子表面越冬。条件适宜时产生分生孢子，借风雨、人们农事活动传播。其适宜发病温度为28～30℃，空气相对湿度 80％以上时易发病。夏季高温多雨、排水不良、连作、地势低洼、氮肥使用过多时均利于发病。

防治方法：执行“预防为主、综合防治”的植保方针，抓好农业、生态和化学等综合防治措施。生产上可以选用较抗病的品种，如辽茄 3 号、北京线茄等。播种前用 55℃的水浸种 25 分钟，用 99％恶霉灵 1 克/米^2 或 50％多菌灵可湿性粉剂 10 克/米^2 拌细土 2 千克制成药土，取 1/3 撒在畦面上，然后播种，最后将其余药土覆盖在种子上面，可有效预防苗期发病。

增施生物菌有机肥和磷钾肥，不可偏施氮肥；采取深沟高垄畦栽培，合理密植。及时疏叶整枝；小水勤浇，适时通风，降低大棚空气湿度；生长中后期及时摘除并深埋老、病叶；病田与水稻轮作 1～2 年，或与非茄科蔬菜轮作 2～3 年，能够起到很好的预防作用。

发病初期，可以喷施 3 000 倍 99％恶霉灵（或 1 000 倍 50％扑海因可湿性粉剂液，或 1 000 倍天达裕丰液，或 500～800 倍 80％大生可湿性粉剂液，或 500～800 倍 65％万霉灵可湿性粉剂液）。分别掺加 600 倍天达 2116 壮苗灵加 1％发酵牛奶加 300 倍硫酸钾加 3 000～6 000 倍有机硅混合液，每隔 10 天左右喷 1 次，连续 2～3 次（注意药剂应轮换交替使用）。设施栽培可在发病初期用 45％百菌清烟剂熏蒸预防，每 667 米^2 施用 250 克，每 7～10 天熏 1 次，连续 2～3 次。

10. 怎样识别和防治茄子绵疫病?

症状：茄子绵疫病在我国各地均有发生，是影响露地与大棚茄子产量的重要病害之一。受害茄子产量损失可达 20％～30％，严重时损失超过 50％。

茄子绵疫病又称“烂茄子”、“白毛病”。幼苗和成株均可受害，主要为害果实，亦可为害茎、叶和根。幼苗染病，嫩茎呈水渍状缢缩，幼苗猝倒，成株叶片受害，呈近圆形或不规则形、暗绿色至淡褐色水渍状病斑，有明显轮纹，潮湿时，病斑迅速扩展，边缘不清晰，斑上生有稀疏白色霉状物。干燥时，病叶片干枯破裂。嫩茎染病，病部变褐色，缢缩，致使上部叶片萎蔫干枯。果实染病，多从下部老熟果开始，先是病部呈水渍状小圆斑，后逐渐扩大稍凹陷，呈黄褐色或暗褐色大斑，最后蔓延到全果。果实收缩、变软，潮湿时密生白色棉毛状霉层（菌丝），果肉变褐腐烂。

茄子绵疫病是由鞭毛菌亚门疫霉属真菌侵染所致。病菌以卵孢子随病残体在土壤内越冬。条件适宜时，病菌可直接侵入幼苗茎和根部发病。卵孢子借风雨传播，由表皮直接侵入，其病菌发育的温度范围为8～38℃，适宜温度为20～30℃，空气相对湿度80%以上时易于流行。高温、多雨、地势低洼、排水不良，氮肥使用偏多、连作等都会加重发病。

防治方法：播种前用50～55℃的温水浸种25～30分钟；选择地势较高、排水良好的地块种植；在低洼地则要采用高畦或半高畦栽培；施足腐熟的农家肥，增施磷、钾肥与生物菌肥；随时清理烂果和病叶并深埋，收获后收集病株残体烧毁或深埋；与非茄果类、非瓜类蔬菜轮作3年以上，重病地块轮作的间隔时间还应更长一些；定植时，用70%甲基托布津或75%敌克松可湿性粉剂，按药、土比例1∶100配成药土，每667米^{2}穴施或沟施药土80～100千克。发病前，用25%甲霜灵可湿性粉剂500倍液，或80%三乙膦酸铝600倍液灌根，每株灌药液150毫升，视天气情况，每隔10天左右灌根1～2次。发病初期，及时喷80%大生可湿性粉剂600倍（或800倍72%克露可湿性粉剂、或900倍69%安克锰锌可湿性粉剂、或1 500倍50%烯酰马林水分散剂、或1 500倍50%百泰水分散剂）液加600倍天达

2116 加3 000 倍有机硅混合液。

11. 怎样识别和防治茄子枯萎病?

症状：茄子枯萎病病株叶片自下向上逐渐变黄枯萎，病症多表现在一、二层分枝上，有时同一叶片仅半边变黄，另一半健全如常。横刻病茎，病部维管束呈褐色。此病易与黄萎病混淆，需检测病原区分。

病原称尖镰抱菌茄专化型，属半知菌亚门真菌。主要以菌丝体或厚垣孢子随病残体在土壤中或附着在种子上越冬，可腐生生活。一般从幼根或伤口侵入寄主，进入维管束，堵塞导管，并产出有毒物质镰刀菌素，扩散开来导致病株叶片黄枯而死。病菌通过水流或灌溉水传播蔓延，土温 28℃左右，土壤潮湿，连作地、移栽或中耕伤根多时，植株生长势弱的发病重。此外，酸性土壤及线虫取食造成伤口利于本病发生。21℃以下或 33℃以上病情扩展缓慢。

防治方法：

①实行 3 年以上轮作，施用充分腐熟的有机肥，采用配方施肥技术，适当增施钾肥，提高植株抗病力。

②选用耐病品种。

③新土育苗或床土消毒。用50%多菌灵可湿性粉剂 8～10 克，加土 1 000 克拌匀，先将 1/3 药土撒在畦面上，然后播种，再把其余药土覆在种子上。

④种子消毒。用 3 000 倍 99%恶霉灵液或 1%硫酸铜液浸种 5 分钟，洗净后催芽，播种。

⑤发病初期喷洒 3 000 倍 99%恶霉灵、或 500 倍 50%多菌灵可湿性粉剂、或 500 倍 36%甲基硫菌灵悬浮剂液，此外可用 99%恶霉灵 3 000 倍液、或 10% 双效灵水剂 200 倍液、或 12.5%增效多菌灵浓可溶剂 200 倍液灌根，每株灌药液 100 毫升，每隔 7～10 天 1 次，连续灌根 3～4 次。

12. 怎样识别和防治茄子叶点病?

症状：叶点病只为害叶片，多在中、下部叶片发生，发病初期叶片上产生水浸状、淡褐色小斑点，逐渐扩展成大小不一、近圆形或不规则形病斑。病斑中央灰褐色，边缘褐色，外有一较宽的褪绿晕环。后期病斑中央散生有很小的小黑点。病重时叶片布满病斑或病斑连片，造成叶片早枯。

发病规律：病菌以菌丝体和分生孢子器随病残体在土壤中越冬。病菌借风雨传播，从伤口或气孔侵入，潜育期 7～8 天。病菌喜高温、高湿条件。发病适温 24～28℃，空气相对湿度 85%以上，多雨、多露利于病害流行。

防治方法：

①农业措施。采用地膜覆盖栽培，施足有机肥、生物菌剂，增施磷、钾肥与中微肥。适当控制灌水，注意雨后及时排水。及时整枝，适时、适度摘除植株下部老叶，加强株间通风透光。重病地与非茄科蔬菜进行 2 年以上轮作。发现病叶及时摘除，深埋处理。收获后清洁田园，深翻土壤。

②药剂防治。发病初期，可用 75%百菌清可湿性粉剂 800 倍液，或 70%代森锰锌可湿性粉剂 500 倍液，或 58%甲霜灵·锰锌可湿性粉剂 500 倍液，或 80%新万生可湿性粉剂 500 倍液，或 64%杀毒矾可湿性粉剂 500 倍液等药剂喷雾防治，每 7 天喷药 1 次，连续防治 2～3 次。

13. 怎样识别和防治茄子疫病?

症状：果实发病，初时产生水浸状紫褐色病斑，病部迅速扩展可至多半个果实。病部凹陷，软化腐烂。湿度大时病部表面长出白色粉状霉。茎基部、茎、枝条发病，病部紫褐色，皮层软化，稍缢缩。重时造成整株或病部以上死亡。

发病规律：病菌的卵孢子、厚垣孢子随病残体在土壤中及种子上越冬。病菌在田间借风雨、灌溉水传播。在条件适宜时，病菌10个小时可完成侵入，潜育期仅2～3天，田间病害发展迅速。25～30℃，空气相对湿度85%以上利于发病，叶面有水膜存在是发病的必备条件。

防治方法：

①农业措施。选用抗病品种，使用无病种子，或种子用55℃温水浸种30分钟，杀灭种子表面病菌。高垄畦覆地膜栽培。密度适宜，及早整枝，适时摘除下部老叶。施足有机肥与生物菌剂，增施磷、钾肥与中微量元素肥。适当控制灌水，雨后、灌水后地面不存积水，及时中耕。发现病果及时摘除深埋。收获后清洁田园，深翻土壤。

②药剂防治。可用72.2%普力克可湿性粉剂800倍液，或64%杀毒矾可湿性粉剂400倍液，或50%瑞毒铜可湿性粉剂500倍液，或72%克霜氰可湿性粉剂600倍液，或69%安克锰锌可湿性粉剂800倍液、60%百泰水分散剂1 500倍液、50%烯酰马林1 000倍液等药剂分别掺加600倍天达2116加3 000～6 000倍有机硅混合液喷雾防治，每7天左右1次，连续喷洒2～3次。

14. 怎样识别和防治茄子叶霉病？

症状：茄子叶霉病主要为害茄子的叶和果实。叶片染病，出现边缘不明显的褪绿斑点，病斑背面长有灰绿色霉层，致使叶片过早脱落。果实染病，病部呈黑色，革质，多从果柄向果面蔓延，果实呈现白色斑块，成熟果实的病斑为黄色，下陷，后期逐渐变为黑色，最后果实成为僵果。

发病规律：病菌主要以菌丝体和分生孢子随病残体遗留在地面越冬，翌年气候适宜时，染病组织上产生分生孢子，借助风雨传播。定植过密，株间郁闭，田间有白粉虱为害等易诱发此病。

防治方法：

①农业措施。收获后及时清除病残体，集中深埋或烧毁。栽

植密度应适宜，雨后及时排水，降低田间湿度。

②药剂防治。发病初期开始喷洒50%甲基硫菌灵或硫黄悬浮剂800倍液，或艾特富乳油800～1 200倍液，或10%世高（苯醚甲环唑）2 000倍液，或47%加瑞农可湿性粉剂800～1 000倍液，或40%新星（福星）乳油8 000倍液，或60%防霉宝2号水溶性粉剂1 000倍液，以上药剂分别掺加600倍天达2116加3 000～6 000倍有机硅混合液喷雾防治，每7天左右1次，连续喷洒2～3次。

15. 怎样识别和防治茄子早疫病？

症状：主要为害叶片。病斑圆形或近圆形，边缘褐色，中部灰白色，具有同心轮纹，直径2～10毫米。湿度大时，病部长出微细的灰黑色霉状物，后期病斑中部脆裂，发病严重时病叶脱落。

发病规律：病菌以菌丝体在病残体内或潜伏在种皮下越冬。苗期和成株期均可发病。

防治方法：

①农业措施。清除病残体，实行3年以上轮作。

②种子消毒。用50℃温水浸种30分钟，或55℃温水浸15分钟后，立即移入冷水中冷却，然后再催芽播种。

③药剂防治。发病初期喷75%百菌清可湿性粉剂500倍液，或70%代森锰锌可湿性粉剂400倍液，或58%甲霜灵可湿性粉剂600倍液，或64%杀毒矾可湿性粉剂400倍液，或50%百泰水分散剂1 000～1 500倍液，或72%杜邦克露750倍液等药剂分别掺加600倍天达2116加3 000～6 000倍有机硅混合液喷雾防治，每7天左右1次，连续喷洒2～3次。

16. 怎样识别和防治茄子猝倒病？

症状：幼苗基部呈水浸状，倒伏，缢缩，随病情发展，引发幼苗成片倒伏。

发病规律：病苗上可产生孢子囊和游动孢子，借雨水、灌溉水传播。土温较低（低于 15～16℃）时发病迅速。土壤含水量较高时极易诱发此病，光照不足，幼苗长势弱，抗病力下降，也易发病。幼苗子叶中养分快耗尽而新根尚未扎实之前，幼苗营养供应紧张，抗病力最弱，如果此时遇到低温高湿环境会突发此病。

防治方法：

①床土消毒。用 3 000 倍 99%恶霉灵药液细致喷洒苗床。也可按每平方米苗床用 1 克绿亨 1 号，或 30%地菌光 2 克，或 30%多·福（苗菌敌）可湿性粉剂 4 克，或重茬调理剂 4 克，或 50%拌种双粉剂 7 克，或 35%福·甲（立枯净）可湿性粉剂 2～3 克，或 25%甲霜灵可湿性粉剂 9 克加 70%代森锰锌可湿性粉剂 1 克对细土 15～20 千克，拌匀，播种时下铺上盖，将种子夹在药土中间，防效明显。

②农业措施。苗床要整平、松细。肥料要充分腐熟，并撒施均匀。苗床内温度应控制在 20～30℃，地温保持在 16℃以上，注意提高地温，降低土壤湿度，防止出现 10℃以下的低温和高湿环境。苗床灌溉改喷灌、漫灌为渗灌，切忌大水漫灌。及时检查苗床，发现病苗立即拔除。

③药剂防治。发病初期喷洒 3 500 倍 99%恶霉灵加 800 倍天达 2116 壮苗灵加 200 倍红糖液。每 7～10 天 1 次，连续喷洒 2～3 次。喷药后，可撒干土或草木灰降低苗床土层湿度。苗床病害发生始期，可按每平方米苗床用 4 克敌克松粉剂，加 10 千克细土掺混均匀，撒于床面。

灌根也是防治猝倒病的有效方法，发病初期用根病必治 1 000～1 200 倍液灌根，同时用 72.2%普力克水剂 700 倍液喷雾，效果良好。也可使用新药猝倒必克灌根，但注意不要过量，以免发生药害。

17. 怎样识别和防治茄子菌核病?

症状：苗期发病始于茎基部，病部初期呈浅褐色水浸状，湿度大时，长出白色棉絮状菌丝，呈软腐状，无臭味，干燥后呈灰白色，菌丝集结为菌核，病部缢缩，茄苗枯死。成株期各部位均可发病，先从主茎基部或侧枝5～20厘米处开始，初期呈淡褐色水浸状病斑，稍凹陷，渐变灰白色，湿度大时也长出白色絮状菌丝，皮层霉烂，在病茎表面及髓部形成黑色菌核，干燥后髓空，病部表皮易破裂，纤维呈麻状外露，致植株枯死。叶片受害也先呈水浸状，后变为褐色圆斑，有时具轮纹，病部长出白色菌丝，干燥后斑面易破碎。花蕾及花受害，表现为水浸状湿腐，最终脱落。果柄受害致果实脱落。果实受害端部或向阳面开始表现为水浸状斑，后变褐腐，稍凹陷，斑面长出白色菌丝体，后形成菌核。

发病规律：主要以菌核在田间或温室大棚土壤中越冬。翌春茄子定植后菌核萌发，抽出子囊盘即散发子囊孢子，随气流传到寄主上，由伤口或自然孔口侵入。在棚内病株与健株，病枝与健枝接触，或病花、病果软腐后落在健部均可引致发病，成为再侵染的一个途径。温度16～20℃，空气相对湿度95%～100%时，最适宜该菌孢子萌发。棚内低温、高湿条件下发病重，早春有3天以上连阴雨或低温侵袭，病情加重。

防治方法：

①覆盖地膜。覆盖地膜可阻止病菌的子囊盘出土，减少菌源。注意通风以降低棚内湿度，寒流侵袭时要注意加温防寒以防植株受冻，诱发染病。发现病株及时拔除，带到棚外深埋销毁。

②土壤消毒。每667米^{2}土地用50%多菌灵可湿性粉剂4～5千克，与干土适量充分混匀撒于畦面，然后耙入土中，可减少初侵染源。

③药剂防治。棚室或露地出现子囊盘时，采用烟雾或喷雾法

防治。熏烟法，用10%腐霉利烟剂，或45%百菌清烟剂，每667米^{2}每次300～400克熏1夜，每8～10天1次，连续或与其他方法交替防治3～4次。

粉尘法，喷散5%百菌清粉尘剂，每667米^{2}每次1千克。

喷雾法，用25%咪鲜胺乳油1 000～1 500倍液，或35%菌核光悬浮剂700倍液，或50%凯泽水分散剂1 000倍液，或50%菜菌克（腐霉利·多菌灵）可湿性粉剂1 000倍液，或50%腐霉利可湿性粉剂800倍液，或50%异菌脲可湿性粉剂1 000倍液，或60%多菌灵盐酸盐（防霉宝）可溶性粉剂600倍液，或50%乙烯菌核利可湿性粉剂1 000倍液，或70%甲基硫菌灵可湿性粉剂800倍液，分别掺加600倍天达2116加3 000～6 000倍有机硅混合液喷雾防治，每7天左右1次，连续喷洒2～3次。

病情严重时除正常喷雾外，须把上述杀菌剂稀释成50倍液，涂抹茎蔓病部，不仅可控制病斑扩展，还有治疗作用。使用腐霉利药剂时，应在采收前5天停止用药。

18. 怎样识别和防治茄子烟草疫霉果腐病?

症状：多发生在未成熟的果实上，病斑褐色，圆形或近圆形，边缘不明显，扩展后形成褐色或浅褐色大斑，有的达到整个果实的1/2或1/3，果实不变形，表皮光滑，湿度大时长出白色棉絮状菌丝，最后果实腐败。

发病规律：病菌以卵孢子在土壤中越冬，翌年条件适宜时以烟草疫霉菌为主，伴有其他几种真菌或细菌侵染茄子果实。多从自然孔口或人为伤口，如茎裂口、生长裂口、虫伤、化学伤口等侵入，是多种病原共同作用的结果。果实表面结露常为病菌侵入提供了有利条件，天气暖和易发病。

防治方法：

①农业措施。避免果实受伤，减少裂口，浇水要均匀，避免果实与地面接触。设施栽培注意通风，预防果面结露。与非茄

科、瓜类等实行3年以上轮作，施用充分腐熟的有机肥，采用配方施肥技术，增施生物菌肥、磷、钾、钙、镁和微量元素肥料。合理密植，加强田间管理，及时整枝、打杈，预防田间小气候郁闭，降低田间空气相对湿度。

②药剂防治。发现病株后，用56%靠山水分散微颗粒剂800倍液，或47%加瑞农可湿性粉剂800倍液，或72%杜邦克露可湿性粉剂800倍液，或68%甲霜胺·锰锌可湿性粉剂600倍液，分别掺加600倍天达2116加3 000～6 000倍有机硅混合液喷雾防治，每7天左右1次，连续喷洒2～3次。

保护地栽培可熏烟防治，每667米^{2}用45%百菌清烟剂250～300克熏烟。

19. 怎样防治叶螨?

为害茄子的螨虫主要有两点叶螨和茶黄螨。他们都是以幼螨、若螨和成螨附着在茄子叶片的背面叶脉附近，吸食汁液而生。两种茄子害螨为害的症状略有不同。两点叶螨为害，先使茄叶出现许多灰白色小点，逐渐使整个叶面变为灰白色、黄色，以至变枯、脱落，严重时整个植株光杆枯死。茶黄螨为害，叶片背面有汁液渗出，干后呈油渍状茶褐色，有光泽，叶缘反卷皱缩呈畸形，严重时也会造成大量落叶。螨虫为害花器，可造成大量落花、落果。被螨虫为害的幼果，组织僵硬，表皮呈龟纹状，严重时造成裂果。

防治的措施：

①螨虫的繁殖速度极快，防治的关键要从清洁田园、防止初侵染源做起。同时要加强栽培管理，及时松土，合理灌溉和施肥，促进植株健壮，增强抗虫害能力。

②在螨虫害始发期用1%灭虫灵2 500～3 000倍，或73%克螨特乳油2 000～3 000倍，或5%尼索朗乳油1 500～2 500倍，或炔螨特2 000～3 000倍，或20%螨克乳油1 000～2 000倍，

或10%浏阳霉素乳油2 000～3 000倍液，分别掺加3 000～6 000倍有机硅喷雾防治，每7天左右1次，连续喷洒2次。

20. 怎样防治二十八星瓢虫?

茄子二十八星瓢虫属于鞘翅目瓢虫科，俗称花大姐，是为害茄子的主要害虫之一。成虫和幼虫都能为害茄子，咬食叶肉，严重时仅留下叶脉，使植株死亡。茄子二十八星瓢虫有时还为害果实和嫩茎，取食花瓣、萼片，使果实变硬、味苦，品质降低。

成虫体长7～8毫米，半球形，赤褐色，体表密生黄褐色细毛。前胸背板前缘凹陷，中央有一较大的剑状斑纹，两侧各有2个黑色小斑（有时合成一个）。两鞘翅上各有14个黑斑，鞘翅基部3个黑斑和后方的4个黑斑不在一条直线上。卵长1.4毫米，纵立，鲜黄色，有纵纹。幼虫体长约9毫米，淡黄褐色，长椭圆状，背面隆起，各节具黑色枝刺。蛹长约6毫米，椭圆形，淡黄色，背面有稀疏细毛及黑色斑纹。尾端包着末龄的蜕皮。

防治方法：

①人工捕杀成虫。在成虫发生期间，利用成虫假死习性，用盆承接，拍打植株使之坠落。消灭植株残体、杂草等处的越冬虫源，人工摘除卵块，此虫产卵集中成群，颜色鲜艳，极易发现。

②药剂防治。在幼虫孵化期至低龄幼虫期，抓住时机适时用药，防治效果较好。可用90%敌百虫晶体1 000倍液，或50%杀虫环可溶性粉剂1 000倍液，或20%甲氰菊酯乳油1 200倍液，或2.5%溴氰菊酯乳油3 000倍液，48%毒死蜱乳油1 000倍液，或4.5%高效氯氰菊酯2 000～3 000倍液，或2.5%功夫乳油2 000～3 000倍液，分别掺加3 000～6 000倍有机硅喷雾防治，每7～10天1次，连续喷洒2～3次。

21. 怎样防治茄子红蜘蛛?

茄子红蜘蛛成虫雌虫体长0.42～0.51毫米，雄虫0.25毫米，椭圆形，鲜红色，具有 4 对足，无爪，跗节先端具有黏毛 4 根，肤背具有 2 个暗红色斑纹。卵圆球形，无色透明。幼虫体近圆形，暗绿色，眼红色，具有 3 对足。若虫、幼虫蜕皮为红色，具 4 对足。其主要为害特点是幼螨和若螨群体叶背吸食汁液，被害叶呈黄白色点，严重的变黄枯焦。

防治方法：

①清除菜田及其附近的杂草，茄子收获后，清除残枝落叶，减少虫源。

②注意浇水防止田间湿度过低，可减轻为害。

③加强虫情检查，控制在点片发生阶段。

④可喷施 20%复方浏阳霉素乳油 1 000 倍液；1.8%阿维菌素乳油 1 500～2 000 倍液；15%哒螨灵乳油 3 000 倍液，50%四螨嗪（阿波罗）悬浮液 5 000 倍液，20%螨克（双甲脒）乳油 1 000～1 500 倍液，73%克螨特2 000～3 000 倍液，50%螨代治（溴螨酯乳油）1 000～2 000 倍液，6～7 天喷施一次，药剂可交替使用，连续 2～3 次。注意重点喷在叶背面。

22. 怎样防治茄子棉铃虫?

为害特点：以幼虫蛀食植株的花蕾、花、果，有时也食害嫩茎、叶和芽。受害花雌雄蕊被吃光，不能坐果。幼虫钻入幼果内取食，并将粪便排在里面。侵害过的果心常腐烂，脱落，严重影响品质和产量。棉铃虫在北方地区每年发生 4 代。以蛹在土壤中越冬。成虫夜间活动，对黑光灯和杨树枝把有趋性，喜欢在生长茂盛、高大的植株上产卵。卵多数散产在嫩叶正面、嫩梢、花蕾尖或苞叶上。2～5 天后，卵孵化出幼虫。初孵幼虫啃食嫩叶尖或花蕾成凹点，2～3 龄后开始蛀果，4～5 龄期转果蛀食频繁，一头幼虫一生可为害 3～5 个茄果。棉铃虫发生的适宜温度为 25～28℃，空气相对湿度 75%～100%。一般 6～8 月份降雨量多，分布均匀，棉铃虫发生重。暴雨对卵和幼虫有冲刷作用，能抑制棉铃虫为害。

防治方法：

①用黑光灯或性诱激素诱杀成虫，或用鲜杨树枝绑缚成把诱杀成虫。

②整枝、打顶、打杈、摘老叶时注意抹除虫卵、摘除虫果，压低虫口。

③选好定植季节，避开为害。露地栽培可在茄子田内每667米^{2}套种玉米100～150株，减少茄子田的产卵量，冬季深翻灭蛹。

④在卵孵化盛期至1龄幼虫期，用200～400倍Bt乳油加1 000倍25%灭幼脲3号液（或1 500倍20%虫酰肼液、或3 000倍2.5%天王星乳油液）加3 000～6 000倍有机硅液，喷植株上部和花器，杀灭卵与幼虫，7天后再喷1次。

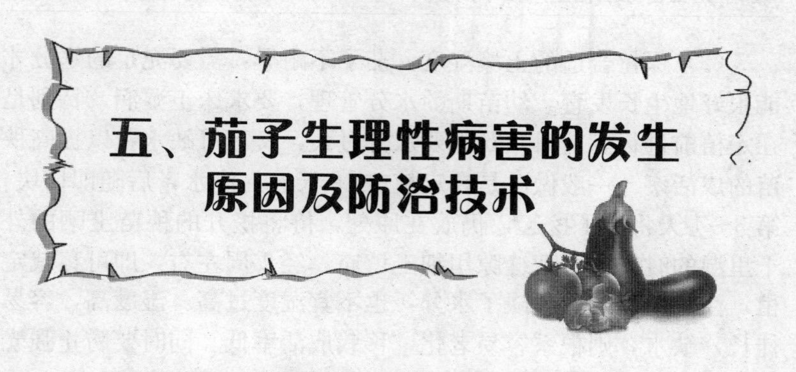

五、茄子生理性病害的发生原因及防治技术

1. 什么是茄子萎根？发生的原因及防治技术是什么？

茄子在幼苗阶段，在进行炼苗时，新根生长受到抑制，不产生新根，对这种现象称为萎根，亦称回根。

发生原因：

①温度太低。

②土壤水分含量低。

防治技术：

（1）提高苗期土壤温度，维持适宜的空气温度。茄子育苗移栽不仅可以利用保护设施提前培育壮苗，节约土地资源，而且便于集中管理，利于培植壮苗，为提高产量打下基础。茄子是对发芽温度要求较高的蔬菜，其发芽的最低温度为 15℃，适温为 25～30℃，因此苗期温度管理极其重要。在苗床上白天要保持在 30℃左右，夜间保持在 20℃左右，这样处理，种子发芽快而且整齐。如果低于这个温度，不但发芽慢而且不整齐。特别要注意的是，茄子育苗必须在移栽定植前进行低温锻炼，否则，不易形成壮苗，定植缓苗慢、成活率低。在移栽定植的过程中，也要保持一定的温度，一般在移栽定植前 10 天开始慢慢放风降温，到定植前 3～5 天，保持白天温度 20～22℃，夜间 15℃，地温 18℃以上，早晨最低温度要保证在 8～10℃，否则，不仅不利于幼苗的生长，还会冻坏幼苗，不易发生新根，移栽定植成活率低。

（2）保持合适的土壤湿度。茄子不耐旱，需要充足的水分才能很好地生长发育。幼苗期的水分管理，要求床土湿润，特别是在定植前进行炼苗时，既不要水分过大，又不可缺水，以提高秧苗的成活率。一般做法是在定植前10天左右浇水，后随即切块，第3～4天将苗子挖起，仍放在原处，待将挖开的秧苗土晒的外干里湿的时候，再把缝隙用细土填充，经1周左右，即可移栽定植。注意苗期既不要缺了水分，也不宜湿度过高。湿度高，容易徒长，缺水，则根系容易老化，移栽成活率低。同时要防止强光暴晒秧苗，诱发秧苗萎蔫，影响生长。

2. 茄子老化根发生的症状、原因及防治技术是什么？

（1）发生症状。茄子的根系木质化较早，发生不定根的能力变弱，根系损坏后再生能力较差，易老化，且地上部的生长明显变弱。

（2）发生主要原因。气温过高、土壤干旱缺水或土壤水分过多、土壤缺氧，施肥、中耕等管理措施不科学。

（3）防治技术。

①育苗期不宜多次分苗，可在发生2片真叶期时一次移栽到土坨或大型营养钵内，定植时挖穴要比土坨稍大、稍深，慢慢放置下去，不可伤根。

②营养钵的大小不要小于10厘米×10厘米。

③营养基质最好选用透气性、保水性好，有机质含量高、肥沃的轻壤土、壤土。

④调控适温生长，温度太低、太高都不利于根系的生长，温度太低容易形成萎根，温度太高根易受伤害。

⑤要保持足够的光照条件，光照不足可人工补光或张挂反光幕。

⑥实行土壤底部渗灌，维持土壤适宜含水量，如水分过多要适时中耕散墒，注意中耕要远离根系，不要伤根。

⑦要培育适龄壮苗，苗龄过长，根系易老化。温室大棚的茄

子苗龄最好为 70 天左右。

3. 露地栽培茄子，早春门茄严重脱落的原因是什么？怎样预防？

（1）发生的主要原因。

①温度低，尤其是土壤温度低。

②浇水过早。

③病害的影响。

（2）防治技术。

①适时、适温定植。在早春露地茄子的管理中做到，日平均气温必须超过 16℃以上才能进行大田定植。农谚说："辣椒栽花，茄子栽荚"，是说茄子移栽时已结果，而茄子须在 16℃以上时才能结果，因此早春露地茄子不能定植过早。

②适时浇水。茄子定植后一般需要浇足开园水。开园水是缓苗后到蹲苗结束时第一次浇的水。这次水一定要在门茄坐稳后，即门茄长到 3～4 厘米时开始浇，水要浇透，稍留积水。如果门茄没有坐住就浇透水，这时的水凉，浇水后地温降低过大，影响茄子坐果。

③适时喷药。如果是灰霉病发生引起门茄大量脱落，则应在坐果后及时喷洒 800 倍 50％速克灵可湿性粉剂（或 800 倍 50％扑海因可湿性粉剂、或 1 500 倍 50％凯泽水分散剂）加 600 倍天达 2116 瓜茄果型加 3 000 倍有机硅加 300 倍硫酸钾混合液。7 天左右 1 次，连续 2～3 次效果较好。

④在开花的当天用防落素蘸花，气温在 15～20℃时，用 40～50 毫克/升，气温在 20～30℃时，用 30～40 毫克/升，或用 30 毫克/升的 2,4－D＋50 毫克/升的赤霉素蘸花，提高坐果率。

4. 温室茄子结果偏少发生的症状、原因及防治技术是什么？

（1）发生症状。日光温室栽培的茄子，表现植株长势茂盛而结果很少的现象。

（2）发生主要原因。

①土壤温度低。

②密度过大，光照弱。

③后半夜空气温度偏高，呼吸消耗多。

④肥水管理失调，缺乏水肥。

（3）防治技术。

①起高垄畦栽培，覆盖白色地膜，提高土壤温度。白天室温保持在25～35℃，阴天要保持在18℃左右，夜间上半夜18～20℃，下半夜12～14℃，维持低温20℃左右，最低地温15℃。

②合理密度、实行宽窄行栽培。早熟矮小品种，每667米^{2}密度为3 000～3 500株，晚熟品种，每667米^{2}密度为2 000～2 500株。如若提前上市，则可适当增加密度，采用整枝的方法调节通风透光条件。每667米^{2}栽4 000～5 000株，留3～5个茄子后打顶；或每棵茄株只留1个主干，每个主干留3个茄子，第三个茄子上留2片叶摘心，可以大大提高温室茄子早期的产量。

③增强光照。尽量延长光照时间，保持薄膜清洁，在温室的后墙、后坡张挂反光幕或增加25～40瓦灯泡，每标准温室内增加灯泡10～20个，阴天也要揭开草苫，在最低温度限度内尽量揭开覆盖物见阳光。

④调整植株，定植缓苗到门茄瞪眼前进行蹲苗，不要追肥，尽量少浇水，能有效地控制只长秧不结果的现象。后适量留枝，维持叶幕层良好光照，及时去除影响风光条件的枝子，维持生育平衡，使植株叶片所制造的养分顺利转移到果实中去，促进果实膨大，提高前期产量。

⑤适时补充二氧化碳气肥，可采用硫酸与碳酸氢铵反应法、干树枝燃烧法、沼气燃烧法、增施有机肥等方法。

5. 茄子僵苗发生的症状、原因及防治技术是什么?

（1）发生症状。幼苗在其生长发育过程中过度受到抑制，造成幼苗矮小，叶片小、薄，颜色淡，茎细，根系小，新根发生少，花芽分化不正常。

（2）发生原因。

①温度太低，特别是低温偏低。

②长久阴天，光照差。

③苗期水分供应不足。

④养分缺乏。

（3）防治技术。

①时刻注意苗床温度变化，保持适宜的土壤和空气温度，晴天苗床温度维持在25～30℃，夜温不低于15～18℃，阴雨天苗床温度维持在10～18℃。

②保证苗期充足的水分供应。育苗畦或营养钵在种子播种前3～5天，一定要浇足水、浇透水。

③保证充足的养分供应。营养土要施足腐熟好的优质有机肥，每立方米营养基质要施捣细、捣匀、充分腐熟的优质有机肥100～150千克，施入草木灰10～15千克、磷酸二铵0.2～0.4千克。

④幼苗期喷洒0.2%的尿素加0.3%的硫酸钾加0.1%硫酸镁加150倍红糖加1 000倍天达2116（壮苗灵）混合液，每7～10天1次，连续2～3次。

6. 茄子烧叶发生的症状、原因及防治技术是什么?

（1）发生症状。育苗或棚室栽培的茄子烧叶，轻者叶尖变白、卷曲，重者整个叶片变白或枯焦。

（2）主要原因。

①阳光太强。

②温度偏高。

③水分供应不足或土壤干旱。

④温室内栽培通风过急，一次性开启风口过大。

（3）防治技术。

①选择早熟耐热的品种，如长茄1号、七叶茄等。

②避免强光。遮阳网是一种很好的防止强光照射的材料，用它覆盖可以减少亮度20%～50%，降低温度10～15℃，如果因光照太强引起烧叶，可在10～14时覆盖遮阳网。

③适时浇水，保持土壤湿润，用水调温。

④设施栽培，温度达30～35℃时要及时放风。在冬季，如果晴天，应从早上拉起保温覆盖物时开始放风，3小时后封闭风口，待温度达32～35℃时开启封口通风，维持温度稳定，到下午14时后逐渐加大风口，温度降至25℃时关闭风口，放下覆盖物后，保持室温18～20℃，夜间在草帘底下开启顶风口排湿降温，清晨拉草帘时室内温度维持在12～14℃，最低10℃。在春秋季节，地温达20℃后，可把室内温度逐渐降低至25～32℃。开顶窗放风的同时，逐渐开启底风口，使适温保持在30℃左右。

⑤如果已发生烧叶，可喷洒600倍天达2116加150倍红糖液，或750倍植保素液，或300倍微生物活性肥液，7天1次，连喷2～3次。

7. 茄子落花发生的症状、原因及防治技术是什么？

（1）发生症状。茄子在开花后3～4天，花从离层处脱落。

（2）主要原因。茄子花分为长柱花、中柱花和短柱花，其花芽分化在苗期2～3片真叶时已经开始，直至开花前完成。花芽分化期营养水平高、光照充足时，多分化长柱花，反之多出现中柱和短柱花。长柱花发育良好，其花粉粒内生成的生长素多，受粉后生长素进入子房并向茎部运送，养分从茎叶向子房供应充足，一般不会落花；短柱花因花器发育不全，不易授粉受精必然脱落，中柱花开花时营养条件好者可以坐果，营养条件差时亦会脱落。此外，开花时，如果不能及时授粉也会脱落。

（3）防治技术。

①培育壮苗。壮苗的标准：茎短粗，直径0.6～0.8厘米；8～9片叶，叶片肥厚，颜色绿；须根多，色白而粗壮；花蕾大，育苗时间70～75天。

②育苗后期要控制温度，白天20～28℃，晚上16～18℃，地温18℃为宜。

③设施栽培定植后注意调控温度，白天保持25～32℃，夜间16～20℃，地温维持20℃以上。

④采用30～40毫克/升防落素或30毫克/升2,4-D加50毫克/升的赤霉素蘸花，提高坐果率。

8. 茄子短柱花发生的症状、原因及防治技术是什么？

（1）发生症状。茄子的花朵小、花梗细、颜色淡、雌蕊（花柱）短于雄蕊。短柱花在开花后雌蕊柱头低于雄蕊花药，甚至被花药覆盖起来，是一种不健全的花，难以受精结果，对产量影响较大。

（2）主要原因。

①土壤温度低，或土壤水分过高、土壤板结缺氧，或土壤干旱，根系发育差，活性低，吸收肥水能力差。

②气温忽高忽低，昼夜温差太大。

③营养不良，氮、磷、钾等肥料元素比例失调，磷、钾、镁不足。

④光照弱。

（3）防治技术。

①控制温度在适宜范围内。茄子花型与温度关系极大，茄子在2片真叶后开始分化花芽，据栽培观察，苗期昼温在25～30℃时，短柱花占23.2%，当昼温在20～25℃时，短柱花为0；当夜温在30℃时，短柱花占21.1%，24℃时，短柱花占1.7%，当夜温15～17℃，短柱花为0。所以，苗期理想的温度是白天

20～25℃，夜间15～17℃。在播种后出苗前温度要达到25～30℃，当出苗率为80%时开始降温，白天18～22℃，夜间12～15℃，经10天左右可适当升温，白天在25℃左右，夜温15℃左右，直到定植。在定植前10天左右进行低温炼苗，白天20℃左右，夜间逐步降至10～15℃。移栽后，为促进缓苗，要提高温度，白天30℃左右，夜间16～20℃。缓苗后，白天降至22～28℃，夜间降至15～18℃，使幼苗健壮生长。注意育苗时，地温要控制在20℃以上，昼夜温差达10℃以上。开花结果期白天温度提高至25～35℃，夜温12～20℃，以利果实发育。

②保持适宜的湿度。茄子不耐旱，在幼苗期保持土壤湿润，小水勤浇，不要大水漫灌。若土壤湿度过高，再遇到高夜温、日照不足，容易使幼苗徒长，增加短柱花的概率，短柱花多，坐果率低，影响产量。

③土壤实行配方施肥，增施生物菌、磷钾肥、中微量元素肥与有机肥料。土壤肥力的高低也影响短柱花形成的概率，茄子是一种耐肥的蔬菜，整个生长发育期间，需肥量多，其中吸收钾最多，氮、钙次之，磷较少，所以，在施肥上不仅要重视肥料的数量，更要重视肥料之间的配比，即配方施肥。如果只重视肥料的施用数量，则会造成茄子生长失衡，不利于防止短柱花的出现；如果只重视肥料的配比，不重视肥料的数量，茄子生长没有后劲，也不能防止短柱花的出现。因此，在肥料的施用上要以有机肥为主，氮、磷、钾、钙与中微量元素肥配合施用。一般每667米^{2}施充分腐熟的优质有机肥8 000～10 000千克，生物菌300～500克，或免深耕生物菌有机肥20～50千克，氮、磷、钾、钙、镁的施用比例3∶0.8∶5∶3∶0.5，复合微肥3～5千克。

④保证充足的光照。茄子对光照条件要求较高，日照长，生长旺盛，不易形成短柱花或较少短柱花；光照不足，光合产物

少，生长细弱，花芽分化及开花晚，短柱花增多。生产上应尽量增加日照时间和光照强度。设施栽培应加挂反光幕，遇到连阴雨雪天，可适当人工补光，以促进长柱花的发育。

9. 茄子黄叶发生的症状、原因及防治技术是什么？

（1）发生症状。茄子从育苗期开始，出现不同的叶片发黄。

（2）主要原因。

①苗期水分过多，温度低。

②移栽后水分过多。

③施肥过多。

④缺镁或后期自然老化。

（3）防治技术。

①调控温度，苗期生长的最适温度为22～30℃。正常发育的温度25～33℃，最低温度15～16℃，白天适温为27～32℃，夜间适温为15～20℃，夜间温度过高，呼吸消耗加剧，容易造成幼苗叶变黄。在一天中，上午同化作用最强，应保持28～32℃，午后同化作用降低，保持24～28℃，前半夜保持温度18～20℃，后半夜保持12～15℃。要求白天地温24～25℃，夜间地温19～20℃。

②茄子耐旱性弱，要求水分充足。但是，幼苗期的水分管理，要求床土湿润，浇水的次数和多少依床土的干湿程度确定。随着苗龄的增加，要适当控水，降低温度，以免徒长。开花结果期处于高温干旱时间段，如水分供应不足可引起植株早衰。为促进果实的生长，要求水分供应充足，才不致引起落花、落果、落叶及黄叶的产生。

③茄子是需肥量比较大的蔬菜作物。但在肥料的供应上，一定要科学配方、均衡供应，除用有机肥作底肥，每667米^{2}深施优质腐熟的有机肥4 000～5 000千克外，要增施生物菌和钾、钙、微量元素肥料，要特别注意增施镁肥，每667米^{2}施用10～

15千克，预防因缺镁诱发叶绿素破坏而失绿。在整个生育期内，要适时追肥3～5次。追肥每次用量不应超过30千克，如果肥料过多，不仅会造成徒长，还会因干旱导致土壤溶液浓度过高，植株不但不能吸收养分，还会因土壤溶液渗压高使养分倒流，发生黄叶，甚至整个植株死亡。

④对于后期因茄子植株衰老而出现的老叶、黄叶，则属于正常现象。这类黄叶应及时摘掉，以免消耗营养，影响植株风光条件。

10. 茄子芽弯曲发生的症状、原因及防治技术是什么?

（1）发生症状。茄子芽的顶端发生弯曲，发病轻时，芽弯曲较轻；发病重的植株顶端停止生长，如继续生长，可长出许多分枝。

（2）主要原因。

①低温。

②多氮。

③缺硼。

（3）防治技术。

①要科学配方、均衡施肥，每667米^{2}除深施优质腐熟的有机肥4 000～5 000千克外，要增施生物菌和钾、钙、镁、微量元素肥料，要特别注意增施硼肥，每667米^{2}施硼酸或硼肥1～2千克，预防因缺硼诱发顶芽弯曲。后期注意根外喷0.2%～0.3%硼酸，或0.2%硼砂，或0.25%硼镁肥，每667米^{2}每次喷溶液30～80千克，连续喷2～3次。

②防止温度忽高忽低，温度变化不要太剧烈。如在高温下突然变成较长时间的低温，会自然增加茄子芽的弯曲，使分支的机会增多，影响通风透光。

③不要偏施氮肥。如偏施氮肥，则茄子的顶芽发生发展迅速，形成徒长，发生弯曲；若不施氮肥，则茄子多会因氮肥的吸

收不足而对茄子的正常生长不利，易导致茄子产量降低。

11. 茄子僵果发生的症状、原因及防治技术是什么？

（1）发生症状。茄子果形不正，形如棍状、锤状、石头状，而且茄子僵住不长，维持初期长成的样子，或果实表面光泽消失。发病轻的症状只表现在顶端或果实的某一面，发病重的整个果实全无光泽，也称为无光泽果或呆果。

（2）主要原因。

①育苗时床土营养、温度、光照等条件不良，影响了幼苗生长，无法形成健壮苗。

②幼苗期温度高于 30℃，短柱花增多；夜温过高，同化养分消耗多，形成弱苗。

③光照不足或温度不适宜，都会使花器官发育受阻，茄子受精受阻，影响正常的授粉受精。

（3）防治技术。

①培育壮苗。幼苗的发育直接影响着茄子的后期生长，而温度是影响幼苗生长的重要因素。因此，要调整好育苗期的温度。自播种到出苗，白天温度在 28～30℃，夜间温度 20～25℃，地温 20℃；出苗后到第一片真叶展平时，白天温度 23℃，夜间 15～23℃，地温高于 18℃；第一叶展平到移栽，白天温度 25～28℃，夜温 10～18℃，地温高于 15℃左右；移栽到缓苗，白天温度 25℃，夜温 10～20℃，地温 15℃以上。定植前 5～7 天，进行低温炼苗，白天温度 20～23℃，夜温 8～17℃，地温 15℃。

②保持充足的光照。尽可能地保持每天 12 小时的光照，如果天气连阴，则应增加灯泡补充光照或张挂反光幕。

③配方施肥，加强管理。除施足有机肥和氮、磷、钾肥外，要增施生物菌和钙、镁、微肥。要少量多次，以防因施肥不当造成僵果的发生。

④提高土壤的有效含水量。4月份以后，随着温度的上升，水的蒸发加剧，要每天进行1次浇水，以保证土壤有适当的含水量，保障根系对水分的吸收。同时要求土壤有足够多的腐殖质，且尽力保护好根系的活力，能自始至终吸收土壤中的水分，保证植株供应。

⑤注意适时补充水分。如果连阴天后晴天，温度上升蒸腾加快，而根系的吸水量不能够满足植株的需要，叶片就会缺水，引起叶片与果实之间的水分争夺，这样就容易产生无光泽果。所以，连阴天后的晴天要进行叶面喷水。

12. 茄子石茄果发生的症状、原因及防治技术是什么？

（1）发生症状。茄子形状异常，剖开果实可以发现果肉发黑、发硬，不能食用。它与茄子僵果的根本区别在于僵果仅发生在茄子表面，而果肉变化不大。如果发现僵果而又不及时管理，僵果亦可变成石茄果。

（2）主要原因。

①茄子授粉受精不良时，极易由单性结果的果实发育成石茄果。

②植株受各种因素影响，致使营养状况不良，同化养分减少。

③生产过程中温度较低。

④抑制激素或促坐果激素的使用导致出现石茄果。

（3）防治技术。

①保持适温，育苗期温度白天保持在25～30℃，夜温17～18℃，2叶期后夜温控制在14～18℃。

②增强光合作用。保护地栽培要保持很好的透光性，促进较好的光合作用，增加光合产物。

③保证肥料供应。采取配方施肥，及时补充施用叶面肥，促进植株正常生长。

13. 茄子裂果发生的症状、原因及防治技术是什么?

(1) 发生症状。果实部分发生程度不同的开裂，保护地栽培发生较多，露地栽培条件下主要发生于门茄。

(2) 主要原因。

①温度低，夜温低于 10℃，特别是土壤温度低。

②过量施用氮肥，而缺乏钙肥。

③浇水过多过勤，或忽干忽湿。

④生长点营养过盛，造成花芽分化和发育不充分而形成多心皮的果实或雄蕊茎部开裂。

⑤保护地栽培中产生的一氧化碳使果实膨大受抑制。

⑥果实与枝叶摩擦产生的疤痕，如遇浇水果实膨大迅速，导致裂果。

(3) 防治技术。

①保持适宜的温度。除定植前 5～7 天，进行适当的低温锻炼，白天温度 20～23℃，夜间温度 12～18℃，地温 15℃外，定植后应保持较高的温度，白天 25～32℃，夜间 14～20℃，地温高于 18℃。

②增施生物菌，施用腐熟的有机肥，棚室栽培注意通风，防止一氧化碳中毒，影响植株生长。

③科学施肥。采用配方施肥，做到少氮、适磷、增钾、增钙、补镁、微肥要全量。

④管理及时、认真。合理调配肥水，小水勤浇，合理整枝打叉，加强通风透光。

⑤结合用药科学使用天达 2116（植物细胞膜稳态剂），提高茄果抗逆果皮开裂性能。

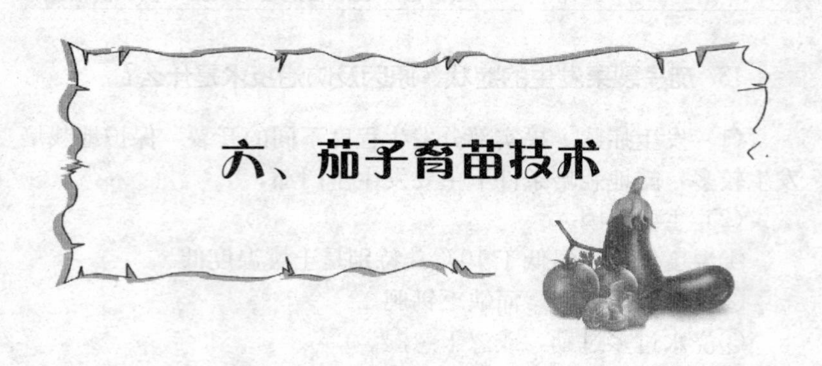

六、茄子育苗技术

1. 茄子育苗需要什么样的环境条件？

茄子育苗时必须满足以下生育条件，才有可能培育出壮苗。

①育苗地必须选择地势高燥，排水顺畅，大雨之后无积水，有灌溉条件的地块。

②育苗用的营养基质须肥沃、疏松透气，土壤水气比例合理，各种肥料元素含量及溶液浓度适宜。具体操作时可用2～3份充分发酵腐熟的优质动物粪便，掺加7～8份肥沃壤土，再用200倍腐熟牛奶加4 000倍99%恶霉灵加3 000倍2%阿维菌素加1 000倍天达2116壮苗灵细致喷洒，掺混均匀，做到基质肥沃、营养齐全，无病菌害虫为害。

③苗床灌溉应改变传统的喷灌、漫灌做法，改为在苗床底部设置灌水层或水管，实行底部渗灌，利用基质的毛管作用吸水使土壤湿润，维持土壤水气比例合理。

④光照充足。光照足时光合效能高，有机营养供给足，植株健壮，不徒长，叶片肥厚，叶色绿而明亮，雌花芽分化数量多，质量好。光照弱时，光合效能低，有机营养供应差，幼苗表现茎细、叶薄，叶色黄，花芽分化质量差，长柱花所占比例低。

⑤温度及昼夜温差适宜，一般白天维持25～30℃，夜晚15～18℃，增大温差，减少呼吸消耗，在此基础上再配合根外喷洒1 000倍天达2116壮苗灵加150倍红糖液或其他叶面肥，才

能培育出良好的健壮幼苗。

2. 苗期管理应注意什么问题?

（1）秧苗徒长。尤其在两片子叶平展到真叶破心期间，是最容易徒长的时期，此期一定要严格控温控水。

（2）预防苗期病害。温度不能过高，土壤湿度和空气湿度不能过大，否则猝倒病、立枯病极易发生。防治措施：幼苗75%出土后，喷施50%多菌灵500倍液或64%杀毒矾可湿性粉剂500倍液或75%百菌清可湿性粉剂800倍液，杀菌防病，以后7～10天喷1次。适时通风换气，防止苗床内湿、温度过高诱发病害。

（3）及时防治虫害。苗床内蛴螬、蝼蛄等地下害虫大量发生时，造成危害，引起死苗。防治措施：可用48%毒死蜱乳油1 500倍液浇灌苗床土面，防治蛴螬；用50%辛硫磷乳油50倍液拌碾碎炒香的豆饼、麦麸等制毒饵，撒于苗床土面可诱杀蝼蛄。

（4）预防风干死苗。未经通风锻炼的秧苗，长期处在湿度较大的空间，苗床通风时，冷空气直接对流，以及覆盖物被大风吹开，空气温、湿度骤然下降造成柔嫩的叶片失水过多，引起萎蔫；如果萎蔫过久，叶片不能复原，则最后变成绿色干枯。

防治措施：苗床通风时，要在避风的一侧开通风口，通风量应由小到大，使秧苗有一个适应过程，大风天气，注意把覆盖物压严，防止被风吹开。

3. 冬季茄子育苗如何防冻?

冬季茄子育苗期间，往往会突然受到寒流的袭击，温度骤然降低，秧苗容易受冻害。如温度虽然不是太低，但低温持续时间很长，特别是低温与阴雨相伴随，秧苗也很容易发生冻害。秧苗受冻害的轻重，还与低温过后气温回升的快慢有关。若气温缓慢回升，秧苗可缓慢解冻，易恢复生命活力；如果升温和解冻太快，秧苗组织易脱水干枯，造成死苗。茄子苗防冻措施有如下几方面：

（1）改进育苗方法。利用人工控温育苗方法，如电热温床和工厂化育苗等，是解决秧苗受冻问题的根本措施。

（2）喷洒叶面肥。喷洒800倍天达2116壮苗灵加400倍硫酸镁加400倍硝酸钾加300倍氯化钙加200倍红糖液，增强秧苗抗寒力，避免秧苗徒长。

（3）调控温湿度，保证光照。在寒流来临前尽量早揭晚盖覆盖物，让茄苗多照光和接受锻炼。寒潮来临前要控制苗床浇水，床土过湿时可撒一层干草木灰吸湿、增温；在雨雪低温期间，尽量利用天气放晴间隙，揭掉草帘，让茄苗尽量多见阳光；雨雪停后猛然转晴时，中午前后适度遮阳，避免秧苗失水萎蔫。

（4）合理施肥。增施生物菌和磷钾肥。

4. 什么叫无土育苗？怎样进行茄子无土育苗？

（1）无土育苗又称营养液育苗，是用基质和营养液代替床土的育苗方法。优点有：

①秧苗生长迅速、旺盛、整齐一直，根系发达，可以缩短育苗时间5～10天。

②省工，可以省去配制营养土的繁重劳动。

③减轻和避免传病害，克服了土壤连作弊病。

④育苗程序易成为标准化，适合大规模育苗和工厂育苗、立体育苗。

⑤由于重量轻，容易运输，有利于育苗的商品化生产。

（2）基质和营养液的配制方法如下。

①基质的选择及处理。基质是固定植物根系，并能创造一个良好的养分、水分、氧气供应状况的物质。应选择通气性良好、保水性强、不含毒素的材料作基质。同时，物质酸碱度为中性或微酸性。可作为基质的材料有：珍珠岩、蛭石、草炭土、炉灰

渣、沙子、炭化的稻壳、炭化的玉米芯、发酵的锯末、甘蔗渣、食用的菌类废料等。这些基质可单独使用，也可混合使用。

②营养液的配制。

配方：1 000 千克水中加入三元复合肥（N：P：K＝15：15：15）2 千克，硫酸钾 0.5 千克，过磷酸钙 0.8 千克，硫酸镁 0.2 千克，硫酸锰 3 克，硫酸锌 1 克，硼酸铵 1 克，硫酸亚铁 20 克。如果用炉灰渣、草炭土等基质，可以不用加微量元素。

（3）无土育苗的方法及管理。

①种子消毒。浸种催芽同普通育苗，种子消毒要求严格，一定保证种子不带病菌。

②育苗盘育苗。育苗盘用 72 孔，或 36 孔盘，将基质放入育苗盘的育苗穴中，铺平后播种，播种后的苗盘摆放于苗床上，苗床底部须铺设塑料薄膜，以便防止营养液渗漏。

营养基质要进行消毒。播种前先将育苗盘中的基质浇透，不必浇营养液，以免溶液浓度过大影响出苗。播种一般用机械操作，如用人工播种，须用同样孔数的空育苗盘放在上面，对准后，用力向下压，深度达 1 厘米。然后将种子按孔穴播入。播好后上面覆盖厚度 1 厘米以上的蛭石，再用塑料膜盖在育苗盘上，保持湿度，出苗后及时揭去薄膜，预防烧苗，徒长。当大部分种子出苗后，移入温室架上进行培育。子叶展开后开始供应营养液，供液太晚会降低秧苗质量。每 3～4 天供液 1 次，每次供液量以全部基质湿润、底部稍有积液为宜。其他温度、湿度等管理同有土育苗。

5. 茄子长柱花和短柱花是怎样产生的？对产量有哪些影响？生产中应怎样预防？

开花后雌蕊柱头低于雄蕊的花药，甚至被花药覆盖起来，称为短柱花。反之，雌蕊柱头高于雄蕊的花药，则称为长柱花。茄子长柱花和短柱花的产生原因，主要与环境有关。在良好的栽培环境和适当的栽培技术条件下，多为长柱花。如在不良的环境条件下或栽培技术不当，气温过高过低，昼夜温差太大，土壤干旱或过湿，营养不足，氮、磷、钾比例失调，光照弱等，均可导致花发育不良，花朵小，花梗细，颜色淡，花柱短。

短柱花为不健全花，一般不能正常结果，造成减产。长柱花的柱头高出花药，花大，色浓，为健全花，能正常授粉，有结果能力。

栽培时除加强水肥管理外，要注意育苗期通过控制温度和光照，培育壮苗，改善花芽分化条件来减少短柱花的产生。播种后出苗前温度要达到25～30℃，当出苗80%时开始降温，白天18～22℃，夜间12～15℃，经10天左右可适当提温，白天在25℃左右，夜间在15℃左右。移植前10天左右进行低温炼苗，白天在20℃左右，夜间逐步降到10～15℃。定植后，为了促进缓苗，白天在30℃左右，夜间保持在16～20℃。缓苗后，白天降至22～28℃，夜间在15～18℃，使幼苗健壮生长。

在冬季育苗时，还应使地温尽量维持在20℃以上，昼夜温差不得小于10℃。覆盖物要早揭晚盖，延长光照时间，加强光照强度。

6. 培育茄子苗为什么要用嫁接育苗?

茄子嫁接技术是采用野生茄科植物作为茄子嫁接的砧木，将茄苗嫁接在砧木上的一项技术。茄子（特别是连作茄子），经常受到土传病害的为害，造成产量降低和品质下降。嫁接后的茄子不仅可以有效地防止土传病害（主要是黄萎病、立枯病、青枯病、根结线虫病）的侵害，而且产量很高，一般产量高达普通茄子的2～4倍。嫁接茄子不仅产量高，而且品质好，收获期长，这项技术在国外早已普遍应用，20世纪80年代我国科研单位开始试验，90年代我国开始推广。嫁接技术可以大幅度地提高茄子的产量和种植效益，是一项增收致富的好技术。

7. 茄子砧木有哪些特点?

目前普遍使用的砧木品种有赤茄、CRP、托鲁巴姆和耐病VF。赤茄主要抗枯萎病，对黄萎病的抗性中等。赤茄适于和各种茄子品种嫁接，嫁接苗生长健壮，结果早、品质好，具有较强的耐寒和耐热能力，一般需要比接穗品种早播7天左右。托鲁巴姆来源于日本，其嫁接苗同时抗茄子的4种土传病害（黄萎病、枯萎病、青枯病、线虫），达到高抗或免疫的程度。但托鲁巴姆的种子在采收后具有较强的休眠性，种子出土后，幼苗生长缓慢，只有当植株长到3～4片叶真叶后，生长才比较正常。因此，采用托鲁巴姆做砧木时，需要比接穗提早25～30天播种。CRP是野生茄科植物，茎叶上刺较多，高抗黄萎病，生产中应用较普遍，需要比接穗提早20～25天播种。其嫁接苗适于保护地栽培，品质优良，总产高。耐病VF是日本的一代杂交种，主要抗枯萎病和黄萎病，种子发芽容易，可与各类茄子嫁接且成活率高。播种时间仅比接穗提早3天即可，其嫁接苗生长旺盛，耐高温干旱，果实膨大快，品质优良，前期产量和总产量均较高。

8. 茄子嫁接技术要点有哪些?

（1）选好砧木与接穗。目前生产中使用的茄子砧木主要有CRP、托鲁巴姆等。CRP是野生茄科植物，茎叶上刺较多，高抗黄萎病，生产中应用较普遍。托鲁巴姆来源于日本，对4种土壤传播病害高抗或免疫，是较理想的砧木材料。接穗可选用市场畅销的主栽品种。

（2）育苗与分苗。

①砧木种子处理。托鲁巴姆比CRP难发芽，但有2种催芽方法。A. 温箱变温处理：将种子浸泡48小时，装入布袋，放入恒温箱中，调节温度，30℃时8小时，20℃时16小时，反复变温处理，每天用清水投洗1次种子，8天即可出芽。B. 激素处

理：每千克水加100～200毫克赤霉素浸泡24小时后，再用清水浸泡24小时，放置温箱中进行变温催芽处理，一般4～5天可出芽。

②播种。用50%多菌灵500倍液喷透苗床土，然后将催好芽的砧木种子均匀播在苗床上，盖上地膜，3～5天砧木苗出齐后揭去地膜。

③接穗育苗。接穗的种子和苗床都要消毒，以免接穗带有病菌，达不到嫁接目的。种子可用55℃温水浸泡15分钟，50%多菌灵浸泡2小时，或用0.3%高锰酸钾浸泡30分钟。土壤消毒可用黄腐植酸100克加绿亨1号5克，加水30千克配制溶液，把苗床浇透。

④分苗。当砧木和接穗真叶长到2～3片时分苗，砧木移入营养钵内，接穗移入苗床内，接穗育苗应比砧木育苗晚20天。

（3）嫁接技术。当砧木长到5～6片真叶、接穗长到4～5片真叶时，茎粗4～5毫米，茎呈半木质化时为最佳嫁接时期。采用劈接法，在砧木高4厘米处用刀片平切掉上部，然后在茎中间垂直向下切入1厘米深。接穗在半木质化处即苗茎黑紫色与绿色明显相间处去掉下端，保留2～3片真叶，削成楔形大小与砧木切口相当，插入砧木切口中，对齐后用嫁接夹子固定。贴接法：将砧木和接穗削成30°倾斜角贴合在一起，其他技术同劈接法。

（4）嫁接苗的管理。茄子嫁接苗成活率的高低与嫁接后的管理有密切的关系。苗嫁接后浇透水，不能喷淋，以防伤口感染。扣上小拱棚保温，嫁接苗伤口愈合的适宜温度为：白天25～26℃，夜晚20～22℃，湿度保持95%以上，嫁接后3～4天全部遮光，以后中午遮光，早晚见光。随着伤口的愈合，逐渐撤掉覆盖物，成活后即可转入常规管理。

9. 嫁接茄子茬口一般怎么安排?

露地栽培，在北方地区，1月中下旬或2月上中旬育苗，4

月中下旬或5月上中旬定植。保护地栽培，秋冬茬，6月份育苗，9月中旬定植。冬春茬，9月上旬育苗，12月中旬定植。定植时，施农家肥75吨/公顷以上，起垄栽培。露地垄宽50厘米，高15厘米，保护地垄宽60厘米，垄高20厘米。露地密度为4.5万株/公顷左右，保护地栽3万～3.8万株/公顷。

10. 嫁接茄子怎样进行田间管理？

（1）中耕、培土。定植浇过苗水后及时中耕，定植10天左右浇第二水，深锄5～7厘米，进行培土，不能把接口埋住，然后蹲苗。

（2）整枝搭架。生长期间及时摘除侧枝，采取双干整枝，当嫁接茄子长到1米高时需搭架，也可用绳子吊架，在畦两侧插两排80厘米高架，控制茄子向两侧倾斜，以免造成通风、光照不良，作业不便。

（3）激素处理。用丰产剂2号植物生长调节剂50～70倍液对花蕾点蘸，防止落花落果。

（4）温度管理。大棚茄子进行4段变温管理，晴天上午25～30℃，下午20～28℃，前半夜13～20℃，后半夜10～13℃。阴天白天不超过20℃，夜间10～13℃，天气寒冷时，适当补温。

（5）水肥管理。蹲苗后，当露地茄子长到核桃大小时，保护地茄子鸡蛋大小时，结束蹲苗，因嫁接茄子长势茂盛，水肥一定要跟上。保护地越冬栽培浇水量不易多，但又不能使土壤缺水干燥，空气相对湿度不超过80%，春季到来后，再逐渐增加浇水量。

（6）病虫害防治。由于保护地的高温、高湿，茄子易得褐纹病，若发生可用65%的代森锰锌500倍液，75%百菌清600倍液，每隔7～10天喷1次，连续3～4次。

茄子绵疫病可用40%三乙膦酸铝300～400倍液，65%代森锰锌500倍液，75%百菌清500～800倍液。每隔7～10天喷1

次，连喷2～3次。红蜘蛛可用三氯杀螨醇1 000倍液，40%乐果乳液800倍液喷洒。蚜虫和白粉虱可用30%虫螨净烟剂，分60～75堆，暗火点燃熏蒸。

11. 严冬季节怎样建造电热加温苗床？

电热加温苗床应在温室内或大棚内建造，苗床宽1.0～1.2米、长10～12米、深12厘米左右，底部平铺塑料薄膜，膜上平铺1层厚3厘米左右的干草屑或锯末，平整后其上再平铺1层塑料薄膜，这样处理可以防止苗床热量下传，节约用电量。薄膜上先铺设1层厚度达3厘米左右的粗沙砾或小石子，其上面铺设营养基质，基质厚度8～10厘米。电加热线铺设于基质表面下1～2厘米深处，这样种子所处部位增温快、温度高，利于快速出苗和幼苗发育（铺设方法参阅说明书）。苗床内插设温度计，插入基质深度2厘米左右，以便观察苗床温度。电热加温苗床一般只在出苗之前或遇到寒冷天气时通电加温，提高基质温度，以利快速出苗，出苗后只要基质温度不低于16℃，一般不须通电。

如果采用营养钵育苗，可在薄膜上铺设厚度3厘米左右的粗沙砾，沙砾内铺设电加热线，上面排放营养钵。

苗床浇水不要喷灌和漫灌，喷灌和漫灌都会板结土壤，降低土壤中的氧气含量，不利于根系发育，且提高苗床湿度，诱发病害，不利于培育壮苗。浇水可在沙砾层内灌水，利用土壤的毛管吸水作用湿润土壤，土壤内的水与空气比例恰到好处，处于最适宜状态，根系发育良好；且土壤表层多处于半干燥状态，苗床空气湿度低，病害难以发生，利于培育壮苗。

12. 温暖季节培育茄子苗应怎样建造育苗床？

（1）苗床设计。温暖季节培育茄子苗不需加温，生产上多采用营养土块育苗，一般苗床宽1.0～1.2米、长10～15米、深12厘米左右，苗床的排列为东西方向。

（2）苗床制作。做苗床时，首先按照苗床规格和田间设计，划好苗床底线，把底线作为畦梁中线进行培梁。然后，先将畦内疏松的表土挖出放在一边，再从畦内挖出底土培梁，畦梁要踩实整光。畦梁做好之后，把床内整平，将挖出的表土再均匀的放回畦内，并整平床面。

13. 茄子育苗怎样配制营养基质？

营养基质又称营养土，配制时应选用没种过茄子的肥沃壤土或沙壤土 7～8 份，充分腐熟的优质粪面 2～3 份，磷酸二铵 0.05%，前两者过筛后与磷酸二铵掺混均匀。结合掺混，均匀喷洒 6 000 倍 99%恶霉灵加 3 000 倍 2%阿维菌素药液，杀死土壤内病菌与害虫。后填入营养钵内或苗床中，土层厚 8～10 厘米。注意茄子幼苗期间对各种营养元素的消耗量非常少，仅占全生育期需肥量的 0.5%左右，因此配制营养土（基质）时除磷酸二铵外，不要掺加其他速效化肥，掺了速效化肥特别是尿素等氮肥，反而会因掺混不均匀引起烧苗现象发生，造成幼苗生长不整齐和死苗现象。

14. 茄子育苗应怎样进行种子处理？

（1）晒种。茄种千粒重大都在 4～5 克。育苗时每平方米用种 3～4 克，栽植 667 米^2 茄子需种 30～45 克。晒种可促进种子后熟，提高发芽的整齐度，一般浸种之前先进行晒种 1～2 天。

（2）种子消毒。先把茄子种装入塑料沙网袋内，扎住袋口放入清水中充分搓洗，洗净种皮外部黏性脏污。然后用 0.1%的高锰酸钾溶液浸泡 10～15 分钟。

（3）温水浸种。将经过消毒的种子，用 65～70℃的温水浸泡 10 分钟，浸种时要注意不断搅动，使种子受热均匀。当水温降至 30℃时，即停止搅动，继续浸泡 8～10 小时，然后将种子捞到清水中反复搓，洗去种子上的黏液。

(4) 催芽。将浸好的种子捞出放在湿纱布中，放置在 28～30℃的条件下进行催芽。在催芽期间每天用清水将种子淘洗 1～2 次，一般 4～5 天即可出芽。当有 50%的种子胚根外露时，即可播种。

15. 没有恒温箱时，用什么方法可以保障在 30℃左右的条件下催芽？

可自制“简易恒温箱”进行催芽。找一个 30 厘米×30 厘米×50 厘米的纸箱（可根据种子数量调整纸箱大小），去掉顶部底面，制成一个封闭严密的敞口高纸盒，后在离纸盒顶部开口处 10 厘米左右高处，同高度水平方向穿入 3 根铁丝，铁丝间距 10 厘米左右，拉紧固定，上面平放一块略小于纸箱横截面的纸板或三合板，板上密密地扎上直径 1 厘米左右的孔洞，洞距 2 厘米左右，纸板上平铺洁净湿棉布，纸板下面正中位置吊一枚 30 瓦左右的灯泡。箱口用被子封严。

催芽之前需先调节温度，使之稳定在 28～32℃，温度高于 32℃时，可改换小号灯泡，或改被子覆盖为毛巾被等薄物覆盖，若温度低于 28℃，可提高灯泡的瓦数，或增加覆盖厚度。仔细观察 1～2 小时，待温度确实稳定在 28～32℃，不再变动时，方可放入种子，进行催芽。

种子薄薄平摊于箱内纸板上面的湿布上，再以洁净湿布覆盖。催芽过程中，每天须用 30℃的清水冲洗种子 1～2 次，洗后用洁净湿布蘸净种皮表面水分，继续催芽。只要注意调整好温度，用此方法催芽，种子发芽速度快，发芽整齐。

16. 没有冰箱时，用什么方法冷冻处理种子？

没有冰箱，要冷冻处理种子时，可自制冷冻盒进行处理，选一个 20 厘米×15 厘米×30 厘米左右大小的纸盒，盒底先平铺一层棉花，上铺一层用塑料薄膜包裹严密不漏水的冰块（也可以用冰棍代替），冰块要铺放平整，在包裹冰层的塑料薄膜上面铺一层洁净湿棉布，布上摊放种子，再盖上湿棉布，布上面再用棉花盖严。这样可使催芽的种子处于−0.5～0℃的温度条件下进行冷冻。冷冻最好进行2次，经冷冻后的种子要先放入井水中（水温16℃左右）回暖15分钟后，方可继续催芽。待大部分种子发芽后播种。

17. 茄子种子播入苗床后应该怎样进行苗床管理?

种子播种后，要立即盖地膜，扣拱棚膜，并注意搞好以下工作：

（1）温度控制。茄子出苗前，苗床温度保持在28～30℃，夜温16～20℃。高于30℃要遮阳降温，低于16℃可加盖草苫保温。出苗后，白天温度保持在25～27℃，晚上温度保持在16～20℃。分苗前5～7天降温锻炼秧苗，白天温度保持在20～25℃，晚上温度保持在15～18℃。分苗初期，白天温度保持在25～29℃，晚上温度保持在15～18℃。定植前5～7天降温以锻炼秧苗，白天温度保持在20～25℃，晚上温度保持在14～16℃，以防止秧苗徒长，苗茎过高，同时要逐步揭去拱棚膜，增强光照，锻炼幼苗。

（2）除草分苗。苗期一般不用浇水，如土壤干旱，可在上午喷灌。幼苗出齐至2片真叶时，可结合除草进行间苗，拔除细、弱、密、并生的苗，苗距保持在2～3厘米。

待幼苗长出3～4片真叶时，应及时分苗。分苗床应建在日光温室内，分苗床要求与育苗床相同。分苗时株行距为10厘米×10厘米。分苗后立即浇水、覆土，并覆盖塑料薄膜保温。

定植前7～10天将苗床浇透水，待水渗下后，用长刀在秧苗的株、行间切块，入土深10厘米，使秧苗在土块中间。切块后不再浇水（如土壤过干，可覆细土），使土块变硬，以利定植时带土坨起苗。

（3）病虫害防治。苗期要勤观察，及时了解苗情及病虫害情况，做到预防为主，尽早防治。视苗情喷1～2次叶面肥、微肥及杀虫、杀菌、杀病毒等混合药液。每10天左右喷洒1次6 000倍99%天达恶霉灵加600倍天达2116壮苗灵加100倍红糖液，预防病害发生，促进花芽分化，加速幼苗生长发育，缩短育苗时间。

18. 茄子幼苗生长发育期间为什么需要喷洒天达2116壮苗灵加200倍红糖液?

茄子幼苗生长至1～2片真叶时开始分化花芽，此时期种子储备营养已经消耗殆尽，而幼苗又要发根、长秧，还要分化花芽，营养竞争激烈。由于幼苗自身的叶片少、叶面积小，光合产量有限，满足不了植株生长发育、分化花芽的需求，所以幼苗生长缓慢，花芽分化质量差。实践证明茄子幼苗生长至1～2片真叶时结合防病用药，喷洒600～1 000倍天达2116壮苗灵加200倍红糖液，可直接补充营养，促进扎根，提高组织活性，增强光合作用，加速幼苗生长，缩短成苗时间，促进花芽分化，提高花芽质量，利于培育壮苗。

19. 怎样判别茄子幼苗生长是否正常、健壮?

茄子适龄壮苗的生理苗龄为7～8片叶，日历苗龄为70～80天。

（1）壮苗的外部形态标准。植株健壮，株高15～20厘米。叶片肥厚且舒展，叶色深绿带紫色。茎粗壮，直径0.6～1.0厘米，节间短，第一花蕾出现，茎、叶茸毛较多，根系发达，无病无虫。

（2）壮苗的生理生化指标。

①定植后根系的吸收功能恢复快，在较短时间内即能缓苗进入正常生长。

②抗逆性强，表现抗旱、抗寒，对不良环境条件有较强的适

应性。

③表现早熟、丰产。

20. 茄子幼苗子叶边缘上卷、干边是什么原因引起的?

这是苗床温度过高时猛然开大口通风，造成苗床急剧降温降湿引起闪苗造成的。注意苗床（包括大棚、温室等其他设施）通风时，都必须先开小口，慢慢加大风口，否则猛然开大口通风，苗床急剧降温降湿，幼苗生态环境发生急剧变化，轻者引起闪苗，重者还会造成幼苗叶片急剧脱水干枯死亡。

21. 茄子幼苗叶片边缘出现“金边”是什么原因引起的?

多是因为土壤溶液浓度过高，根系吸收水分困难引起的。造成土壤溶液浓度高的原因：一是盐碱地，土壤含盐量高；二是施肥超量，特别是速效化学肥料一次性施用量偏多。此外喷洒农药时药液浓度过高也会造成叶片干边现象发生，但是两者区别明显，前者叶片发生的干边是周边边缘全是比较狭窄且宽窄均匀、呈黄白色的干边，俗称“金边”；后者多在叶片尖端或相对高度较低的边缘发生，干边颜色呈黄褐色，宽度较宽且不均匀，有时叶片内堂伴有大小不均的黄褐色干斑。

七、露地茄子栽培技术

1. 露地栽培茄子应该注意哪些事项？

（1）科学选地。茄子虽然对土壤的适应性广，有灌排条件的高地和平地都可种植，但以地势高燥、大雨之后不积水，有水浇条件，土壤肥沃、疏松透气、有机质含量较高、保水保肥性能良好、微酸性至微碱性（pH6.8～7.3）的黏质壤土为最理想。

（2）注意各生育时期的土壤、空气温度。茄子属喜温蔬菜，对温度要求高，种子发芽最适温度为30℃，育苗时，以日温25℃左右、夜温15～20℃的小温差效果最好，结果期最适温度为25～30℃，低于15℃容易落花，低于13℃停止生长，低于10℃易引起新陈代谢的失调，低于5℃易受冻害。

所以露地栽培时，其空气最低温度应稳定通过5℃，日平均温度稳定在15℃、土壤温度稳定在13℃以上方可定植，如果栽植过早，因早春气温极不稳定，一旦寒流来临，气温下降至3℃左右，茄子幼苗就容易发生寒害，一旦降至0℃就会因冻害死苗。

（3）选择适宜品种。应根据栽培季节、市场需求，分别选择适宜的品种，春季栽培应选择耐低温、生长势强的品种；夏季栽培应选择耐高温、抗病性能好的品种；秋季栽培应选择既耐热又耐低温的品种。

（4）适时、适量用药。露天栽培天气多变，春天寒流频繁，夏秋高温炎热，阴雨天气多，病虫害严重，应特别注意提高茄子植株的生产抗逆性能，预防病虫害的发生。因此应适当增加用药次数，每次降雨之前应提前喷洒保护性杀菌剂，预防病菌侵染。每次用药都应掺加有机硅和天达2116，增强农药活性、渗透性、展着性，提高喷药质量和预防效果。

（5）合理肥水，防虫治虫。在高温干旱期间，一是要加强水肥管理，经常保持土壤湿润和不脱肥。二是注意对茶黄螨、红蜘蛛、蓟马、蚜虫等虫害的防治，使植株保持旺盛的长势。

2. 露地栽培茄子应怎样施肥？

茄子产量高、结果周期长、需肥量大，试验得知每生产1 000千克茄子，需吸收氮（N）2.7～3.3千克、磷（P_2O_5）0.7～0.8千克、钾（K_2O）4.7～5.1千克、钙（CaO）1.2千克、镁（MgO）0.5千克。应注意配方施肥。

栽培茄子的土地多是老菜田，虽然土壤养分含量较高，但是由于传统栽培习惯的原因，年年多次大量使用速效化学肥料，连续喷洒诸多种类的农药，土壤盐分含量高，农药残留等有害物质对土壤污染严重，且土壤中还存有诸多虫害和含有大量的真菌、细菌、病毒、根结线虫等致病生物。为了生产优质绿色食品、有机食品，必须改变过去的传统施肥习惯，减少各种速效化学肥料的施用量，特别是速效氮素化学肥料应尽量减少使用或停止使用。应增施有机肥料，推广施用生物菌有机肥料。使用的各种速效化学肥料要事先和各种动物粪便等有机粪肥掺混均匀，并掺加生物菌发酵腐熟后方可施入土壤中。

施肥又分为基肥和追肥，基肥在定植前结合整地施用，追肥在开花结果后结合浇水冲施。具体施用时，应实行测土配方施肥，并根据土壤养分含量、肥料种类、茄子产量确定施肥量。一般土壤有机质含量多（3%～5%）、肥力较高、保肥性能好的黏性壤土，80%左右的有机肥、20%左右的速效化学肥料作基肥；

80%的速效化学肥料、20%的有机肥料用作追肥。基肥每667米^{2}施用生物菌发酵腐熟的牛马粪4～5米^3（或用生物菌发酵腐熟的鸡粪2～3米^3），结合发酵掺加硫酸钾20千克、过磷酸钙30千克、硫酸镁10千克。追肥从门茄坐稳后结合浇水进行，每10～15天1次，每次冲施腐熟生物菌有机肥200～300千克，或氨基酸有机肥20～30千克，或硫酸钾复合肥20～25千克。

土壤有机质含量较低（低于2%）、保肥性能较差的沙性土壤，应增加有机肥的施用量，增加土壤有机质含量，提高保水保肥性能，追肥应少量多次。一般60%左右的有机肥、20%左右的速效化学肥料用作基肥；80%的速效化学肥料、40%的有机肥料用作追肥。基肥每667米^{2}施用生物菌发酵腐熟的牛马粪5～6米^3（或用生物菌发酵腐熟的鸡粪2～3米^3），结合发酵掺加硫酸钾20千克、过磷酸钙30千克、硫酸镁10千克。追肥从门茄坐稳后结合浇水进行，每8～10天1次，每次冲施腐熟生物菌有机肥200千克左右，或氨基酸有机肥15～20千克，或硫酸钾复合肥15～20千克。

如果是碱性土壤，土壤施肥时还要注意增施生理酸性肥料。如果是酸性土壤，则应适当增施生石灰、钙镁磷肥等碱性肥料，降低土壤的pH。

3. 怎样用生物菌发酵有机肥料？施用生物菌有机肥有什么好处？

（1）生物菌的发酵。用生物菌发酵有机肥料之前，须先把准备施用的各种化学肥料（速效氮肥、过磷酸钙、硫酸钾、硫酸钙、硫酸镁、硫酸亚铁、锌肥、硼肥、硫黄等）和有机肥（鸡粪、植物秸秆或其他动物粪便等）掺混均匀，然后用250～500克生物菌加200～300克红糖对水30～45千克细致喷洒接种，后堆集发酵腐熟15～30天，即可制成生物菌有机肥。

（2）施用生物菌有机肥有诸多好处。

①生物菌喷洒入动物粪便和各种肥料中后，可迅速繁育，发生大量的有益活体生物菌，能刺激根系的生长发育，促进扎根，使茄子根系发达。并能在根系周围形成菌层，抑制并杀灭土壤中的有害菌类（真菌、细菌、植物病毒），显著减少土传病害发生。大量的有益生物菌还能释放已经被土壤固定的肥料元素，供根系吸收利用，减少肥料施用量，提高肥料利用率。

②生物菌繁育过程中会吸收大量的速效无机氮、磷、钾等肥料元素，把无机氮等肥料元素变成菌体，转化成有机质，生物菌在繁育过程中新的菌体不断发生，老的菌体不断死亡，死亡菌体变成腐殖质（即胡敏酸、富里酸和胡敏素）。从而把速效无机态肥料元素转化成有机态缓释肥，可显著减少植物体中的亚硝酸和亚硝酸盐的含量，利于提高产品质量。

③腐殖质对土壤性状和植物的生长状况有多方面的影响。它具有较强的黏着性能，能够把分散的土粒黏结成团粒，促进团粒结构的生成，增加土壤的孔隙度，改善土壤的理化性状，调节土壤的水气比例，使土壤的三相（固相、液相、气相）比例和理化性状更趋合理。从而提高了土壤的保水、保肥能力，改善了土壤的通气性能，进一步促进土壤微生物的活动，并使土性变暖。

它不但能不断地分解释放氮、磷、钾、钙、镁、硫等矿质元素和水分供茄子根系吸收利用，促进生长发育；还能释放大量的二氧化碳为茄子叶片光合作用提供原料、促进光合效能的提高。

腐殖质在土壤中呈有机胶体状，带有负电荷，能吸附阳离子，如 NH_4^+、K^+、Ca^{2+} 等，提高土壤保肥能力。

腐殖质具有缓冲性，能够调节土壤的酸碱度（pH）。土壤溶液处于酸性时，溶液中的氢离子（H^+）可与土壤胶体上所吸附的盐基离子进行交换，从而降低了土壤溶液的酸度；当土壤溶液处于碱性时，溶液中氢氧根离子（OH^-）又可与胶体上吸附的氢离子（H^+）结合生成水（H_2O），降低土壤溶液的碱度。因此在盐碱性土壤中，增施生物菌有机肥料，还是改良盐碱地的最有效途径之一。

4. 早熟露地茄子栽培定植前要做好哪些准备？

露地春早熟茄子栽培是比较古老的传统主要栽培方式，保护地栽培未出现前，面积很大，遍及全国各地。随着拱棚、大拱棚、温室等设施栽培的发展，露地春茬茄子栽培面积，目前已经大大减少，但在设施栽培较少的地区仍然是当地的一种主要栽培方式。在栽培上应根据其生育特点注意以下事项。

（1）品种选择。春早熟栽培，宜选用较耐弱光，生长势中等，对低温适应性较强，门茄节位低，易坐果，果实生长速度较快的品种，如早小长茄、青岛长茄（面包茄）、天津五星茄等品种。

（2）培育壮苗。茄子生长发育需要较高的温度，早熟栽培时必须利用温床播种育苗。播前6～7天用70～80℃的热水浸种，不断搅拌使水温降至30℃时，静置浸泡10～12小时。然后用清水搓洗种子，捞出后摊开晾一会，使种皮表面的水分散发，随之用洁净的湿布包好，置于25～30℃的条件下催芽。催芽期间，每天用温水淘洗种皮上的黏液2次，洗后一定要用拧干的洁净湿布蘸净表皮水分，或晾到种皮湿而无水滴，再包好继续催芽。出芽后，选晴天上午播种。播种畦要浇透底水，水渗后均匀撒播，每平方米畦面播5～6克。播后覆土1.0～1.5厘米，并盖严薄膜，夜间加盖苇毛苫等覆盖物。出苗前，苗床内适温25～30℃，地温是16～22℃，5～7天苗即可出土。

苗出土后要适当降温，并尽量延长见光时间，白天的畦温最好不低于25℃，夜间不低于15℃。3～4片真叶时分苗，分苗前3～4天适当降温锻炼。最好用营养钵分苗，畦内分苗时，苗距10～12厘米×10～12厘米。分苗后缓苗期间一般不通风，控制较高的畦温。缓苗后，白天畦温25～30℃，夜间15～18℃，促苗生长。定植前8～10天浇水切块，并加大通风量，进行低温锻炼，白天畦温20℃左右，夜间不低于12℃。门茄花现蕾时为定植适期。

5. 早熟露地茄子栽培定植后应注意什么？

（1）定植。阳畦或薄膜小拱棚覆盖畦的地温稳定在12℃以上时方可定植。定植前，每个标准畦（33.35米^2）最好施入腐熟的马粪或圈肥75～100千克，深翻耙平畦面。为使地温达到定植要求，应提前4～5天覆盖薄膜“烤畦”。选晴暖天气定植，密度每667米^2 2 500～4 000株。适当增加密度，可提高前期产量。栽植深度以茄苗土坨上部略低于畦面为宜。

（2）缓苗到始花坐果期管理。定植后管理的重点是防寒保温。缓苗期间要盖严薄膜、不通风。午间茄苗有萎蔫现象时，可适当搭苫遮阴，午后揭去。3～5天缓苗后可适当通风，并选晴暖天气的中午揭开薄膜进行中耕。每3～4天中耕一次，连续2～3次，由浅渐深，使畦面土疏松，地温提高。到始花结果前，白天的畦温最好控制在25℃左右，夜间不低于15℃。

植株进入始花结果期，仍应控制浇水，继续进行中耕保墒、增温、蹲苗，防止落花。门茄果实似核桃大小时，进行第一次追肥，每个标准畦开沟施腐熟、捣细的粪干25～50千克，或复合肥0.5～1.0千克。开沟撒施后顺沟浇水，水渗后封沟。

（3）结果期管理。5月上、中旬天气转暖，茄子进入结果期，须追肥2～3次，并及时浇水。果实达商品果成熟期要及时采收。门茄采收后，可将基部老叶适当摘除。田间枝叶生长过剩时，也可以进行整枝打杈，改善群体的通风透光条件，以利于提高产量。

6. 春夏露地茄子栽培定植前要做好哪些准备？

露地春夏栽培的茄子，正处于高温炎热、多雨季节，病虫害发生频繁，为害严重，栽培时应注意以下事项。

（1）品种选择。根据菜田栽培制度的要求选择适宜品种。如果需要在7月底腾茬，最好选用早熟品种。如果需要拖茬越夏，则应选用抗病、丰产、品质好的中熟品种和中晚熟品种，如曲阜长茄、高唐圆紫茄、福山鸡腿茄等品种。

（2）培育壮苗。春夏茄子育苗的适播期为1月中、下旬，须温床播种。苗床管理同春早熟栽培。如果没有温床设备，而用阳畦播种时，播期要适当推迟，并用保温性较好的苇毛苫等覆盖物。在整个育苗期间，尽量少通风，保持较高的畦温，促苗生长。分苗时，温度回升，可用普通阳畦。分苗后既要防寒，又要防高温徒长。浇水切块后要加强低温锻炼。

（3）施肥与整地。茄子黄萎病发生的地区，要实行5年轮作制。宜重施基肥，施肥后耕翻耙平。

春夏栽培早熟品种，多采用平畦以便密植。栽培中晚熟品种，为了中后期田间群体结构有利于通风透光，减轻绵疫病危害，便于进行培土防倒伏和采收管理等操作，宜采用沟栽或隔畦间作的栽培方式。如茄子与早熟春甘蓝、莴笋等实行大小行间作，在茄子总株数不减少、总产不降低的情况下，可以适当间作一茬甘蓝、莴笋等。

7. 春夏露地茄子栽培定植后应怎样管理？

（1）定植及缓苗期管理。终霜后，当10厘米地温稳定在12℃以上时，可露地定植。定植过早不利于缓苗，并易受冷害。早熟品种每667米^{2}定植3 300株左右，中晚熟品种每667米^{2}定植1 600～2 000株。定植方法同早熟栽培。

栽植后浇1～2次缓苗水，要抓紧进行中耕保墒，疏松土壤，提高地温，促根系发育。最好行间覆地膜。始花坐果前一般不浇水。

（2）始花结果期管理。门茄坐果后，保留杈状分支，而将门茄以下的其余侧芽抹去，门茄以上的侧枝任其生长。门茄坐果后要进行一次大追肥，每 667 米^2 施腐熟的粪干或鸡粪 500～750 千克，栽培晚熟品种，为防止中后期植株倒伏和便于夏季排水，追肥后要进行培土。培土前可将基部老叶摘去，减少营养消耗，但摘叶不能过重。追肥、培土后结束蹲苗，须及时、适时浇水，增加浇水量。

(3) 结果期管理。茄子开花到商品果成熟一般需 20～25 天，适时采收品质好，产量也高。在果实膨大期间，近萼片边缘的果皮呈白色或白绿色环带。白色环带变窄或消失，说明果实生长减慢或停止，应在此之前及时采收。门茄采收后，进行第二次追肥，每 667 米^2 施复合肥或硫酸铵 10～15 千克，以后可每隔 15～20 天追 1 次肥，5～6 天浇 1 次水。进入雨季，热雨后要及时排水，并进行“涝浇园”。

茄子在雨季常受绵疫病、褐纹病为害，高温干旱天气则常受红蜘蛛、茶黄螨为害，要特别注意及时喷药保护，预防病虫发生。要注意天气预报，力争在降雨之前 1 天或雨前 2～3 小时内喷药保护，预防病害发生、蔓延。配制农药时必须掺加 3 000～6 000倍有机硅，掺加有机硅的药剂，喷洒后可在半小时之内被叶片及其他组织吸收，能防止雨水冲刷，提高防治效果。

8. 夏秋露地茄子栽培定植前要做好哪些准备？

露地夏秋茬茄子栽培，同夏茬茄子栽培一样，处于高温炎热、多雨季节，病虫害发生频繁，为害严重，栽培时应参考夏季茄子栽培有关技术。

(1) 品种选择。根据夏秋季节的气候特点，应选用植株适应性和生长势强，较耐热、抗病、丰产、品质较好的中晚熟品种。夏秋栽培早熟品种，抗病性、产量和品质均比晚熟品种差，因此不宜采用。

(2) 培育壮苗。浸种、催芽、播种及苗床施肥等管理同春夏栽培。4 月上、中旬播种，出苗时已无霜冻。在苗床管理上，要及时间苗，防止因苗过分密集而徒长。幼苗生长前期控制浇水，避免降低地温。5月中旬，天气转热，秧苗需水增多，可根据苗情浇水。最好进行分苗。缓苗后叶面追肥喷1次0.2%的磷酸二氢钾。定植前5～6天浇水切块，以便定植后缩短缓苗期。

(3) 整地、施肥。宜选择土层深厚、地势高燥、排水方便、土质肥沃的地块栽培夏秋茄子。多以小麦或春菜为前茬。因大田地力一般较差，腾茬后应每667米^{2}施5 000千克腐熟圈肥作底肥。要搞好灌水和排水系统，防旱防涝。

9. 夏秋露地茄子栽培定植后应怎样管理？

(1) 定植和缓苗期管理。6月上、中旬定植，气温已高，下午栽植利于缓苗。按大小行在田内开南北沟，小行行距50～60厘米，大行行距110～120厘米，株距40～50厘米。宽窄行栽植，有利于中后期通风透光，也便于田间管理。

夏季雨涝要及时排水，干旱则要充足浇水。及时中耕除草，防止草荒。门茄坐果后，进行抹杈和打基部老叶，进行大追肥并培土。方法同春夏栽培。

(2) 结果期管理。果实生长前期正处雨季，管理重点是保果、保叶，控制或减轻绵疫病发生为害。要在及时清除杂草后，采取少施、勤施的方法进行追肥。结合喷药，可以加0.3%尿素和0.2%磷酸二氢钾进行叶面追肥。雨季期间，及时采收果实。秋季温度适宜、光照充足，有利于提高产量和品质，但要以夏季发棵健壮为基础。

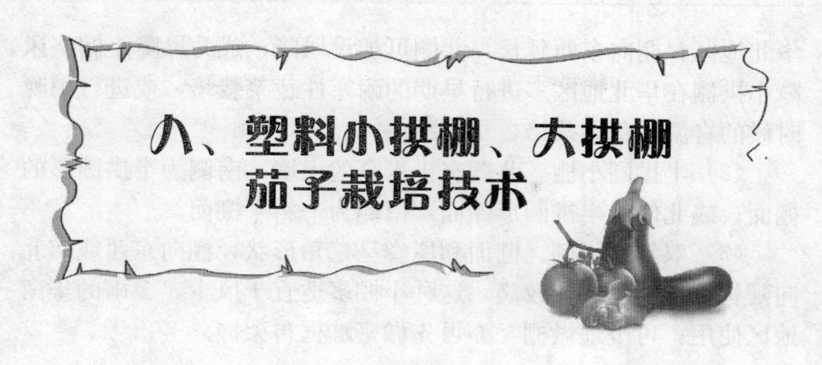

八、塑料小拱棚、大拱棚茄子栽培技术

1. 小拱棚、大拱棚茄子栽培有哪几种栽培方式?

塑料小拱棚、大拱棚茄子栽培主要有春促成茄子栽培和秋延迟茄子栽培两种方式。

2. 为什么要进行小拱棚茄子栽培?

茄子是我国南北各地栽培最广泛的蔬菜之一，它适应性强，管理简单，产量高，因此栽培面积很大。但露地茄子栽培，由于其生育期较晚，果实采收不久便进入高温雨季，果实腐烂严重，给生产带来很大损失。利用小拱棚栽培可以很好地解决这一问题。小拱棚茄子的成熟期比露地栽培提前 15～30 天，产量可以提高 30%，一般每公顷产量 6 万～7.5 万千克，收入 6 万～9 万元，较露地茄子每公顷增收 2.5 万～4.5 万元。

3. 什么是小拱棚? 小拱棚分哪几种类型?

小拱棚是用塑料薄膜覆盖于竹竿、铁丝等支架上搭成的小型拱形设施。小棚一般高 1 米左右、宽 1.2～3 米、长 10～30 米，或依地块设置长与宽，单棚的面积为 15～45 $米^2$。骨架上覆盖单幅或双幅薄膜。

小拱棚依设置形式分为以下 3 种：

(1) 拱圆小棚。棚形呈半圆形，多用于风、雨、降雪较多的华北地区。棚向东西延长，北侧可加设风障，成为风障小棚。风障小拱棚在华北地区多进行早期的耐寒性蔬菜栽培，或进行稍晚时候的喜温性蔬菜栽培。

（2）半拱圆小棚。北侧有1米高的土墙，南侧为半拱圆形的棚面；或北侧为半拱圆形棚面，南侧为一斜平棚面。

（3）双斜面小棚。棚面和屋脊呈三角形状，棚向东西或南北向延长，畦框明显或较高。这种小棚多适宜于风少、多雨的华南地区使用。可平地做棚，亦可先做好畦框再架棚。

4. 小拱棚建造有哪些要点?

（1）棚向。以南北向为好，具体依地块形状而定。

（2）建棚规格。一般跨度1.2～3.0米，长30米左右，棚高0.5～1.0米。

（3）材料用量。每666.7米^{2}用长2.0～2.2米的拱架250～300根（拱架间距1.5米），厚度0.05～0.08毫米的普通农膜25千克，幅宽0.9～1.2米农用地膜2.5～3.0千克，12号铁丝或塑料绳400～450米。

（4）骨架两头尽量深的插入土中（25厘米以上），宽度在2米左右。

（5）竹片应该检查有无较为锋利的刺或尖，避免对棚膜损害，最好处理一下。

（6）插入时应该分清大小头，交替使用。

（7）竹片间隔要在1米以下，两头用三道铁丝连接并且固定。

（8）塑料棚膜用4米宽，厚度0.05～0.08毫米的无滴膜覆盖，覆膜时选择无风天气。

（9）塑料棚膜尽量压紧，覆土均匀踩实。

（10）温度较高时注意放风通风，也避免内部温度过高影响植株生长。

（11）在天气温度正常后，应增加通风量，棚膜须多次性逐步掀除，以便让植物有一段适应期。

（12）拱棚内应提前铺设地膜。

5. 小拱棚茄子的主要栽培技术是什么？

（1）品种选择。小拱棚茄子栽培是以春提前早上市为主，所以品种选择上应选用耐低温、弱光，生长势中等，门茄节位低，易坐果，抗病、高产、果实膨大快的早熟品种。如鲁茄 1 号、豫茄 2 号、济南早小长茄、北京六叶茄、新乡糙青茄、快圆茄等。

（2）整地施肥。茄子栽培应选择有机质含量丰富、土层较厚、保水保肥、排水良好的土壤。茄子忌连作，连作时黄萎病等病害严重，因此应实行 5 年轮作。在前茬作物收获后，要进行深翻晒垡，定植前 15 天左右浅耕细耙，每公顷施腐熟的有机肥 5 000～7 500 千克，过磷酸钙 120 千克，饼肥 75 千克、硫酸钾 30 千克，硫酸镁 15 千克，生物菌 0.3 千克或生物菌肥 40 千克。然后做成 1.3 米宽的栽培畦和 0.6 米宽的作业道。

（3）培育壮苗。为了争取早熟，要定植已现花蕾的幼苗，因此要适时早播，保证苗龄 80 天左右。一般于 12 月上旬至次年 1 月中旬在温室中育苗。先将种子放于清水中搓洗清洁，再放入 50～55℃的温水，不断搅动，烫种 25～30 分钟，后把水温降至 30℃左右，继续浸泡 12～20 小时，待种子吸水饱满后捞出，甩出多余的水分，在 30℃温度条件下催芽，经 16 小时，再用 20℃温度条件变温处理 8 小时，待少量种子露白时，用－2～0℃温度冷冻 5～8 小时，后放入 15～20℃水中回暖，继续催芽，待大部分种子破嘴露白时即可播种。播种时苗床先渗灌一次透地水，床面显湿润时撒一层过筛细潮土，随即在床面上均匀撒播种子，并覆盖 1 厘米厚的过筛细土。

（4）苗期管理。出苗前棚内保持昼温 25℃以上，夜温 15～18℃，5～7 天即可出苗。苗出齐后，白天温度控制在 20～25℃，夜间14～16℃，超过28℃要及时放风，防止徒长。苗期可间、移苗1～2次。2～3片真叶期进行分苗，移入营养钵、或10～12厘米×10～12厘米的营养块中。定植前10天将苗床浇一次透地水，并加强通风，以降低温度，进行炼苗。壮苗的标准是茎粗、节间短，有7～8片真叶、株高15～20厘米，且90%植株现蕾，叶片较大，色浓绿。

(5) 适时定植。茄子喜温，定植时要求棚温不低于10℃，10厘米地温不低于12℃，且相对稳定7天左右。在定植前7天扣膜，以提高地温。定植时要选择晴天的上午进行，按照品种特性和栽培方式确定合适的行、株距和密度，挖穴定植。定植后覆盖薄膜，晚上加盖草苫。

(6) 田间管理。

①温、光调控。茄子不耐寒，定植一周内要以保温为主，促进缓苗。缓苗后，白天温度保持在28℃左右，促发新根，夜间15℃以上。晴天棚内温度超过30℃，特别是高温、高湿时，要及时通风换气。南方春季阴雨天气较多，光照相对不足，晴天或中午温度较高时要抓紧时间全部或部分揭开棚膜，增加植株的光照强度，延长光照时间。天晴，早揭迟盖；天阴，迟揭早盖。对使用时间过长，透光不好的膜要及时更换。

5月上、中旬，结合培土起垄，将棚膜落下，小拱棚须破膜掏苗，棚膜改“盖天”为“盖地”，改小拱棚栽培为地面覆膜栽培。

②肥水管理。茄子喜肥耐肥，苗期多施磷钾肥可以提早结果。盛果期根据结果和植株缺肥的表现程度，可结合中耕培土多次追肥。每次每667米^{2}追施10～15千克复合肥，或150～200千克腐熟动物粪便或10～15千克氨基酸有机肥。生长过程中还可根据苗期和植株表现随时喷洒0.5%～1.0%的硫酸镁，或0.5%～1.0%的磷酸二氢钾，进行根外追肥。

③蘸花。门茄开花时，此时气温较低，影响授粉和果实发

育，可用浓度为20～30毫升/千克的2,4-D+50毫升/千克的九二〇蘸花，以后随着温度升高，茄子可自然授粉结实。

④整枝摘叶。小拱棚栽培茄子密度大，要注意整枝和摘叶，以增加透光，使养分集中长果，促进早熟。对门茄以下的小杈要及时去掉；在门茄采收后要摘除门茄以下的黄病叶，以促进通风透光，减少病害。同时对畸形茄要及早摘除。另外，植株过密时，也可采取田间间苗的方法，改善棚内通风透光条件。

⑤病虫害防治。茄子主要的病害有黄萎病、褐纹病和绵疫病。实行3～5年轮作可有效控制黄萎病。在高温多雨季节，用80%代森锰锌可湿性粉剂500倍液或75%百菌清600倍液喷雾，可防治褐纹病和绵疫病。茄子的虫害有红蜘蛛和茶黄螨，可用2%阿维菌素2 000倍液，或70%的可螨特乳油1 500倍液喷雾防治。

⑥采收。采收应在早晨进行。及时采收能促进植株继续坐果，提高坐果率，加速果实的生长膨大，提高总产量，以增加收入。一般当茄子萼片与果实相连处浅色环带变窄或不明显时，即可采收。门茄易坠秧，应及时早采。茄果柄木质化程度较高，采果时很容易折断枝条，拉断果柄，最好用果枝剪从茄果柄处剪下。

6. 什么是塑料大棚?

塑料大棚是指以塑料薄膜为覆盖材料的简易单栋拱圆形保护地设施，一般高2.5米，宽6～10米，长30～70米。以其构建简单、组装方便、单位面积成本低等优点，已成为适合目前我国国情且能够广泛应用的种植设施。这类大棚起初多用竹木搭建骨架。进入20世纪90年代以后，骨架逐渐被钢筋焊合桁架和装配式骨架所取代。

7. 塑料大棚的类型有哪些?

我国塑料大棚类型较多，其分类形式主要有以下几种：

（1）按棚顶形式可分为拱圆型棚和屋脊型棚两种。拱圆型大棚对建造材料要求较低，具有较强的抗风和承载能力，屋脊型大棚则相反。

（2）按其覆盖形式可分为单栋大棚和连栋大棚两种。单栋大棚是以竹木、钢材、混凝土构件及薄壁钢管等材料焊接组装而成，棚向以南北延长者居多，其特点是采光性好，但保温性较差；连栋大棚是用 2 栋或 2 栋以上单栋大棚连接而成，优点是棚体大，保温性能好。缺点是通风性能较差，两栋的连接处易漏水。

（3）按棚架结构可分为竹木结构大棚、简易钢管大棚、装配式镀锌钢管大棚、无柱钢架大棚、有柱式大棚等。

8. 塑料大棚建设应该注意哪些事项?

塑料大拱棚有骨架（包括支柱、吊柱、拉杆、棚膜杆）、塑料薄膜、防虫网、钢丝、通风卷膜杆、压膜槽（或地锚加压膜绳）组建而成。不论哪种类型、采用什么材料，建造时都须注意：

（1）棚体方向应采用南北方向，单体棚南北长度 50～70 米为宜，最长不应大于 80 米，以便于管理；东西宽度因土地宽度而定，以 8～10 米为好，最宽不得大于 12 米；棚体边缘高1.2～1.8 米，棚体中央最高点高度 2～2.5 米，最高 3 米左右，以利防风。

（2）骨架稳固抗风抗压，有支柱型大棚，两排支柱之间东西间距 2.4～3.0 米为宜，这样正好和茄子平均行距 60 厘米相适应。

（3）塑料薄膜应选择保温、透光率高、拉力强、耐老化的优质膜，覆盖时最少要设置 2～3 道通风口，小棚 2 道、10～12 米的大型棚 3 道，其中拱棚顶部要设置 1 道通风口，风口设置在最高顶线下方、当地主风向的背风向 1 面，以便调控棚内温度，预防高温时棚内热气难以排除。

（4）通风口处应设置防虫网，预防通风时害虫进入。

（5）棚门应设置在棚体的南端，棚门高150～170厘米、宽70～90厘米，门须立体双门，两门相距80厘米，两者之间用塑料薄膜或防虫网封闭成严密的封闭通道，管理人员进棚后可立即封闭外门，后在通道内检查消灭进入门内的害虫，后开启内门入棚，从而可预防人员进棚时害虫乘机进入棚内，做到棚内无害虫，无须喷洒杀虫剂，实现茄子产品无公害或绿色、有机标准。

9. 塑料大棚的气温变化特点有哪些？

塑料大棚内的气温变化是随外界的日温变化而改变，其变化的规律如下：

冬末初春随着露地温度回升，大棚内气温也逐渐升高，到3月中下旬棚内平均气温可以达到10℃左右，最高气温可达15～38℃，比露地高2.5～15.0℃，最低气温0～3℃，比露地高1～2℃。3月中旬到4月下旬，棚内平均温度在15℃以上，最高可达40℃左右，内外温差达6～20℃。5～6月棚内温度可高达50℃，如不及时通风，棚内极易产生高温危害。7～8月外界气温最高，棚内随时会发生高温危害，因此不能全棚覆盖，要昼夜通风和全量通风。通风后棚内温度与露地相比没有显著差异。9月中旬到10月中旬温度逐渐下降，但棚内气温仍可达到30℃，夜间10～18℃；10月下旬到11月上中旬棚内最高温度在20℃左右，夜温降至3～8℃。11月中下旬逐渐降到0℃，以后大棚内长期呈现霜冻，只能种植耐寒性的绿叶蔬菜或维持越冬。12月下旬至1月下旬，棚内气温最低，旬平均气温多在0℃以下，蔬菜停止生长进行越冬。2月上旬至3月中下旬棚内气温逐渐回升，2月下旬以后，棚温回升日趋显著，旬平均气温可达10℃以上。

大棚内气温在一昼夜中的变化比外界气温剧烈。大棚内昼夜温差依天气状况而异。晴天时，太阳出来后，大棚内温度会迅速上升，一般每小时可上升 5～8℃，13～14 时温度达到最高。以后逐渐下降，日落到黎明前大约每小时降低 1℃左右，黎明前达到最低。夜间的温度通常比外界高 3～6℃。阴天棚内温度变化较为缓慢，增温幅度也较小，仅 2℃左右。

此外，大棚内的气温无论在水平分布还是在垂直分布上都不均匀，并与天气状况、棚体大小有关。在水平分布，南北向大棚的中部气温较高，东西近棚边处较低。在垂直分布上，白天近棚顶处温度最高，中下部较低，夜间则相反，晴天上下部温差大，阴雨天则小，中午上下部温差大。清晨和夜间则小，冬季气温低时上下温差大，春季气温高时则小。大棚棚体越大，空气容量也越大，棚内温度比较均匀，且变化幅度较小，但棚温升高不易；棚体小时则相反。

综上所述，大棚的气温特点是：

①外界气温越高，增温值越大；外界气温低，棚内的增温值有限。

②季节温差明显，昼夜温差较大。

③晴天温差大于阴天。

④阴天棚内增温效果不显著，阴天时增温缓慢，降温也慢，日温变化较平稳。

⑤白天上部温度高，下部温度低，夜间下部温度高，上部温度低。熟悉并掌握大棚气温变化的特点及规律，对科学管理棚温有现实意义。

10. 塑料大棚的增温效果与薄膜种类有关吗?

塑料大棚的增温效果与塑料薄膜种类有关。聚氯乙烯无滴膜保温性能好，它比聚乙烯薄膜平均提高 0.6℃，且耐老化，无滴效果较好，但易生静电，吸尘性强，后期透光率明显下降。聚乙烯无滴薄膜的红外光、紫外光透过率高于聚氯乙烯薄膜，故升温快，同时又不易吸尘，但保温性能低于聚氯乙烯无滴膜。

11. 竹木结构塑料大棚的建造要点是什么？

竹木结构大棚是由立柱、拱杆、拉杆和压杆组成大棚的骨架，架上覆盖塑料薄膜而成，使用材料简单，可因陋就简，容易建造，造价低。缺点是竹木易朽，使用年限较短，又因棚内立柱多，遮阳面积大，操作不便。

竹木结构大棚的建造要点主要有：

（1）立柱。立柱分中柱、侧柱、边柱 3 种。选直径 4～6 厘米的竹竿、圆木或方木为柱材。立柱基部可用砖、石或混凝土墩，也可用木柱直接插入土中 30～40 厘米。上端锯成缺刻，缺刻下钻孔，缺刻留固定棚架用。南北延长的大棚，东西跨度一般是 8～10 米，支柱东西间距 2.4 米，边柱距棚边 1 米左右，南北间距为 1.0～1.2 米，棚长根据大棚面积需要和地形灵活确定。

（2）埋立柱。根据立柱的承受能力埋南北向立柱 4～5 道，每排东西间隔 2.4 米，支柱南北间距 1.0～1.2 米，柱下放砖头和石块，以防柱下沉。每排南北向柱子的高度必须一直，南北向成直线，中排支柱最高，侧排低于中排，边排低于侧排，拱架架设后成同一弧度的拱形。

（3）绑缚拉杆。拉杆是纵向连接立柱的横梁，对大棚骨架整体起加固作用。拉杆可用竹竿或木杆，一般直径为 5～6 厘米，顺着大棚的纵长方向，绑缚在支柱距顶部 25～30 厘米处，要用铁丝绑牢，把同排支柱连成一体。

（4）拱杆。拱杆是支撑薄膜的拱架，可用多根竹竿或竹片绑接而成，连接后弯成弧形。南北延长的大棚，在东西两侧划好标志线，每根拱架东西方向架设在中柱、侧柱、边柱顶端的缺刻里，大棚边缘处拱架压成近 95°左右的钝角弧形，拱杆端部近垂直方向埋入大棚边缘标志线处泥土中。

（5）盖膜。首先把塑料薄膜，按棚面的大小黏成 2～4 大块。

如果只开顶风口放风，则以棚脊为界，黏成两长块，并在靠棚脊部的薄膜边缘，熨黏进一条尼龙绳。如果棚宽超过 10 米，须设置 2～3 道风口，可将薄膜黏成 3～4 整块，2 块边膜（边膜宽度须覆盖至离棚边缘高 160 厘米左右处），一块顶膜；或 2 块边膜，2 块顶膜（在棚脊处和边缘高 150 厘米处共留 3 道风口）。

覆膜最好选晴朗无风的天气进行，先覆盖边膜，边膜上部边缘熨黏一条尼龙绳，覆膜须多人一起拉膜，拉直绷紧，将薄膜弄平整，后把薄膜两边埋在棚两边宽 20 厘米、深 20 厘米左右的沟中，上部边缘用细铁丝绑缚尼龙绳固定于拱架上。后再覆盖顶膜，顶膜 2 边缘需各熨黏 1 条尼龙绳，下部边缘压在边膜上，二者重叠 20 厘米，拉紧展平后把尼龙绳两端系结于大棚两端地锚上。

（6）拉压膜线。扣上塑料薄膜后，在每两根拱杆之间放一根压膜线，拉紧后系结于棚两边地锚钢丝上，将薄膜压紧、绷平，使棚面成波浪状，避免松动，以利排水和抗风。压膜线用专门用来压膜的压膜绳，或钢丝。

（7）装门。棚门应设置在棚体的南端，棚门高 150～170 厘米、宽 70～90 厘米，门须立体双门，两门相距 80 厘米左右，两者之间用塑料薄膜封闭成严密的封闭通道，管理人员进棚后可立即封闭外门，后在通道内检查消灭进入门内的害虫，后开启内门入棚，从而可预防人员进棚时冷空气和害虫乘机进入棚内，做到棚内无害虫，无须喷洒杀虫剂，实现茄子产品无公害或绿色、有机标准。

12. 水泥大棚的结构与构建是怎样的？

（1）水泥大棚的结构。宽度为 6～10 米，高度为 2～2.5 米，拱间距为 1～1.2 米，棚长 50～80 厘米。拱架、支柱、连杆为钢筋混凝土预制件，混凝土可选 500 号水泥，每立方米混凝土用水泥 360 千克，水 172 千克，粗沙 545 千克，石子 1 400 千克。预制时内设置由直径6～8毫米钢筋和直径4毫米的冷拔丝做箍筋预制的钢筋笼。拌料要填实填匀，要边浇灌边搅拌振实，并要加强养护，去膜6小时后放入水池，养护7天，取出后露天堆放1月，方可安装。

（2）水泥大棚的建造。在选用的土地上，根据土地情况做宽8～10米、长50～80米拱棚。先在两侧开沟，按照大棚的走向和宽度拉线放样，东西两侧，每间隔1.0～1.2米挖一角洞，深40厘米，口径15厘米×15厘米，洞底垫废砖块或石块。拱架两两配对，清理螺丝孔内残留的水泥，观测螺丝孔的位置是否一致。在大棚两头及中间，先架3片拱架作为标准，然后在棚顶拉线，保证高度一致，棚两侧拉线，保证左右对齐，将每副棚架的两根拱架，竖立起来结合，螺丝孔对齐，高度及左右与标准架一致，位置要不断调整。拉杆最好用直径25毫米的钢管，连接件用14号铅丝，边竖立拱架边安装拉杆。棚头（两端拱架）应垂直于地面，连接拱架要绑牢，埋入土中部分要压实。拱架架设好后其他步骤同竹木结构大棚建设。

13. 组装式钢管大棚怎样安装？

我国常用的有GP系列、PGP系列、P系列3种。

组装式钢管大棚的组装：

（1）定位。确定大棚的位置后，平整地基，确定大棚的4个角，用石灰画线，而后用石灰确定拱杆的入地点，同一拱杆两侧的入地点要对称。

（2）安装拱杆。在拱杆下部，同一位置用石灰浆作标记，标出拱杆入土深度，后用与拱杆相同粗度的钢钎，在定位时所标出的拱杆插入位置处，向地下打入深度与拱杆入土位置相同，而后将拱杆两端分别插入安装孔，调整拱杆周围夯实。

（3）安装拉杆。安装拉杆有两种方式，一是用卡具连接，安装时用木锤，用力不能过猛；另一种是用铁丝绑捆，绑捆时，铁丝的尖端要朝向棚内，并使它弯曲，不使它刺破棚膜和刺伤在棚内操作的人员。

（4）安装棚头。安装时要保持垂直，否则不能保持相同的间距，影响牢固性。

（5）安装棚门。将事先做好的棚门，安装在棚头的门框内，门与门框应重叠。

（6）扣膜。将膜按计划裁好，用压膜槽卡在拱架上。压膜线可用事先埋地锚的方法固定，也可在覆膜后，用木橛固定在棚两侧。

14. 大棚春早熟茄子栽培技术要点是什么？

（1）品种选择。选择早熟丰产、耐寒性强、品质优良的茄子品种。

（2）培育壮苗。以11月上、中旬播种为宜，育苗须在温室内或在拱棚中建设电热线加温苗床，苗期气温尽量控制在白天25～28℃、夜间15～18℃，最低地温13～15℃。3～4片真叶时用营养钵分苗，整个苗期要注意防止徒长和冻害，所育的茄苗要达到茎粗、棵壮、根系发达，苗龄适宜。

（3）及时定植。塑料大中棚春促成茄子栽培因早春土壤温度低，最好采用M形高垄栽培方式。定植之前10天左右须施肥整地，灌足底墒，覆盖大棚膜，提高土壤温度，待土壤最低温度稳定通过12℃后方可定植。栽植时要选在寒流过后的晴天上午进行，栽苗后只在栽植穴内浇水，水要浇透，水渗后先不要覆土封闭苗穴，待下午1～3时或第二天中午前后土温升高后，用热土封穴，这样做，根际土壤温度高，秧苗扎根快。注意苗穴封土后不可用力按压，以免伤及根、茎，感染病害。

（4）保温防寒。保温防寒是夺取早春茄子高产的关键措施。宜采用大棚＋小棚＋地膜覆盖栽培，寒冷季节，还应在小棚上用二层膜或加盖草片等保温材料。生长前期重点做好保温防寒工作，立春后既要避免冻害，又要防止高温对茄子生长的影响，促控结合。生育期棚温保持在白天 25～32℃、夜温 12～20℃。

（5）通风透光。这是调节棚温、降低湿度和补充棚内二氧化碳气体的重要措施。天气晴朗时棚内小棚要天天揭膜通风，日揭夜盖，外棚应适时、适量通风；遇阴雨天气，大棚内小棚及其上面加盖的保温材料也要日揭夜盖，争取透光，外棚通风应适当减少，以利保温。通风应开启顶风口或在肩部开口为宜，不得扒开底口通风。

（6）保花保果。早春低温寡照、灰霉病较重，易引起落花落果。因此，须用植物生调节剂进行蘸花保果。实践证明效果较好的蘸花液配方是：20～30 毫克/升 2,4－D 加 100 毫克/升赤霉素加 0.15％的 50％速克灵可湿性粉剂（或 50％扑海因可湿性粉剂），这样既能提高坐果率，又能促进果实生长，减少灰霉病发生。

（7）整枝打叶。要及时整枝打叶，尤其要及时摘除老叶、黄叶、病叶，这样既可改善通风透光条件，又可相对集中养分，果实着色快、膨大快、病害少、产量高。门茄坐住后，可将门茄以下所有侧枝和老叶打掉，集中养分供应果实。若采用双干整枝，应及时打掉多余的侧芽。栽植密度大时，当“四母斗”花现蕾时，在花上留 2 叶摘心；栽植密度小时，可在“八面风”花蕾以上留 2 叶摘心。

（8）加强肥水管理。生育前期因地温低，须适当控制浇水，维持土壤相对干燥，促进根系向土壤深层发展。门茄坐住后应及时供水，并适宜加大灌溉水量，结合灌溉每 667 米^2 冲施腐熟稀粪 300～400 千克，或生物菌有机肥或氨基酸有机肥，每 667 米^2 施用 10～15 千克。随着气温的升高，要逐渐增加灌溉频率、浇水量和追肥量，保持棚内土壤湿润。

注意浇水要在晴天清晨结合开启风口进行，力争 8 时前后结束，阴天和 10 时后不可浇水施肥，严防棚内空气相对湿度过高，降低地温、诱发病害。

大中棚栽培茄子，因设施封闭，通风量有限，棚内易缺少二氧化碳，因此基肥、追肥都要以腐熟动物粪便等有机肥为主，以便增加棚内二氧化碳含量，促进光合作用。

(9) 病虫防治。茄子的主要病害有绵疫病、黄萎病、褐纹病等。防治病害需以预防为主，综合防治。通过晒种、药物浸种、苗床消毒、实行轮作等措施预防。一般定植后每15～20天喷洒1次200倍等量式波尔多液，或每10天左右喷洒2 000倍10%苯醚甲环唑乳油（或800倍大生或1 500百泰等）加600倍天达2116加3 000倍有机硅加100倍发酵牛奶预防病害发生。一旦发病，可进行药物防治。茄子绵疫病发病初期喷洒50%的安克可湿性粉剂2 000倍液或64%的杀毒矾可湿性粉剂500倍液，或72%杜邦克露800倍液，每5～7天喷雾1次，连续2～3次。发生茄子黄萎病，用99%的恶霉灵可湿性粉剂4 000倍（或1.5%菌线威3 500～7 000倍）加天达壮苗灵600倍液灌根，每株浇灌对好的药液50～100克。每7～10天灌根1次，连续2～3次。茄子褐纹病，用10%苯醚甲环唑乳油2 000倍液（或40%氟硅唑乳油7 500倍）加600倍天达2116瓜茄果专用液，每7～10天喷雾1次，连喷2～3次。茄子的虫害主要是蚜虫、蓟马、茶黄螨、茄螟，可用5%的甲维·氯乳油3 000倍，或2%阿维菌素3 000倍，或20%啶虫脒2 000倍液或20%蚜克星乳油800倍液防治。

(10) 及时采收。采收时宜掌握“时间稍早、果实稍嫩”的原则，春季在大拱棚里栽培的茄子，从开花到采收嫩果，如果管理正常，一般需要20～25天。“门茄”始收期在“五一”前后。当果面连接的萼片处白色部分缩小、果面光泽尚未退去时即可采收。采收茄子的适宜时间在早晨，此时果实饱满，色泽鲜艳。不仅能早上市，品质嫩，增加早期产量和经济效益，而且有利于后来各档幼果的生长，提高全期产量。

15. 塑料大中棚秋延迟茄子栽培主要技术有哪些?

塑料大中棚秋延迟茄子栽培期间，气温由高温到低温，从强光、长日照到弱光、短日照，苗期处于高温、长日照、强光、多雨、高湿度的气候条件下，对秧苗的生长发育极为不利，定植后又逐步转变为低温、短日照的气候条件，特别是生育后期气温低，土壤温度下降，极不利于茄子的生长发育，因此塑料大中棚秋延迟茄子栽培其难度较大，必须注意以下几点：

（1）品种选择。选择抗高温强光、抗病性能好、抗热、耐湿、适应性强，同时又耐低温、抗冻害的品种。

（2）培育壮苗。塑料大中棚秋延迟茄子栽培，苗床应选择高燥、排灌水方便，3 年内未种过茄科作物的土块，预防雨涝渍苗，苗床上部用旧薄膜覆盖，做到遮阴、预防强光和雨淋；苗床四周要用防虫网全部封闭，既保持通风透气，又能阻止各种害虫进入苗床为害秧苗，从而达到防高温强光、防雨涝渍苗、防病虫为害，实现安全育苗。出苗期若床内缺水，可利用渗灌补充苗床水分，禁止大水漫灌和喷灌，以防诱发病害、土壤板结，影响幼苗出土和生长。幼苗出土后，要及时中耕、松土，以免幼苗徒长或因苗床湿度大而发病，同时应清除杂草。发现幼苗徒长，可用0.3%的矮壮素溶液喷洒幼苗。如果幼苗发黄、瘦小，可用0.3%的硫酸钾加 0.3%尿素加 600 倍天达壮苗灵加 150 倍红糖混合液在幼苗 2 片叶时进行叶面追肥，促进植株健壮生长，增强抗病能力。苗期要注意防治蚜虫和白粉虱等虫害。叶面喷肥和喷药宜在傍晚进行。

塑料大中棚秋延迟茄子育苗期间温度高，幼苗生长较快，一般不进行分苗，以免伤根而引发病害。当苗龄 40～50 天，有5～7 片真叶，70%以上植株显蕾时，即可定植。

（3）定植。定植前，结合整地作畦，施足有机肥。定植时，每 667 米^2 穴施或沟施生物菌有机肥 40～50 千克。一般早熟品种按40～50厘米行距，中熟或中早熟品种按60～80厘米行距挖穴或开沟，株距一般为40厘米左右。定植应选阴天或晴天的傍晚进行。定植前5～7天苗床停止浇水、适度炼苗，定植时苗子应尽量带土移栽，注意淘汰弱苗、病苗和杂苗，栽后应随即浇足水，以防秧苗萎蔫。秧苗定植后应立即喷洒600倍天达2116壮苗灵加150倍红糖加1 000倍裕丰18（或800倍大生、或1 500倍百泰、或1 000倍烯酰马林等）加3 000倍有机硅混合液，促苗生根，健壮生长。

（4）定植后的管理。

①缓苗期的管理。一般于9月下旬至10月初定植。由于外界气温较高，能够满足茄子正常生长的需要，一般不用盖膜。茄子定植后，缓苗期间如果中午温度过高，土壤蒸发和叶面蒸腾量大，会出现秧苗中午前后萎蔫的现象。因此，要注意观察土壤墒情，适时浇水、中耕保墒。高温天气，中午要适当遮阴降温，防止秧苗萎蔫，以促进缓苗发根。当夜间气温连续几天低于12℃时，就要盖大棚膜。如果天气正常，白天气温较高时，要揭膜通风降温。寒流天气，要及时封棚保温。寒流较强时，晚上还要放草帘保温。

②结果前期的管理。从定植到茄子开始采摘上市一般需30～40天。此期间外界气温逐渐降低，管理上应加强温度调节，控制棚内白天温度在22～28℃，夜晚13～18℃，争取门茄早收，提高对茄的坐果率。门茄“瞪眼”以前，土壤不旱不浇水，尽量不施肥，以免引起植株徒长造成落花落果。注意及时中耕除草，进行植株调整，抹除门茄以下的侧枝老叶。若植株密度大，生长旺盛，可以进行单干整枝，以利通风透光。为了防止因夜温低、授粉受精不良而引起的落花落果，可用0.002%～0.003%的2,4-D溶液加0.005%赤霉素溶液蘸花或涂抹花柄。门茄“瞪眼”后，应及时浇水、结合浇水追肥，每667米^{2}施复合肥10～15千克。浇水应在上午8时前进行，浇水后封棚1～2小时，然

后通风降湿。

③结果盛期的管理。门茄采收以后，当茄子进入结果盛期时，需肥、需水量也达到最大值。因此，此阶段的重点应放在肥水管理上。一般每隔 7 天左右浇 1 次水，每隔 2 次水追施 1 次肥。每 667 米^2 每次可追施腐熟人粪尿 800～1 000 千克，或复合肥 15 千克，或硫酸钾（钾肥）7 千克。此后外界气温更低，浇水应选晴天清晨进行。若盖了地膜，应在地膜下浇暗水，使用渗灌或滴灌，效果更好，可将肥料配制成营养液直接滴灌。为了避免晚上棚内地温低于 15℃，浇水后应闭棚，利用中午的阳光提高棚温，使白天棚温保持 25～32℃，以利于地温的提高。当棚内温度高于 33℃时，应及时通风降湿。夜间温度控制在 15～18℃。昼夜温差保持在 10℃以上，有利于果实生长。生长后期可以结合病虫害防治进行叶面追肥。喷药时，可加入 0.3％硫酸镁加 0.4％硝酸钾加 0.4％氯化钙加 100 倍发酵牛奶进行叶面追肥，提高植株营养水平。

秋延后茄子一般采取双干或单干整枝，当“四母斗”茄“瞪眼”后，在茄子上面留 2～3 片叶摘心，同时将下部的侧枝及老叶、病叶打掉，并清理出棚外积肥或埋掉，以改善棚内通风透光条件，减少养分消耗和病虫害的发生和传播。

采收茄子时，要用果枝剪剪断果柄，采收不宜在中午进行，因中午茄子含水量低，外观色泽较差，应在傍晚或早晨采摘。早晨采摘时，因早晨植株枝条脆，易折断，注意不要碰断枝条。由于塑料大棚的保温性能有限，当棚内气温下降到可能对茄子造成冷害时，要及时将茄子全部采收，以免造成更大的损失。

九、节能日光温室茄子栽培技术

（一）节能日光温室建设

1. 什么是节能日光温室？

节能日光温室是依据温室加温设备的有无而分的一种温室类型，即不加温、节省能源的温室。主要依靠日光的自然温热和夜间的保温设备来维持室内温度。

节能日光温室是采用较简易的设施，充分利用太阳能，在寒冷地区一般不加温进行蔬菜越冬栽培，生产新鲜蔬菜的栽培设施，节能日光温室具有鲜明的中国特色，是我国独有的设施。节能日光温室的结构各地不尽相同，分类方法也比较多。按墙体材料分主要有干打垒土温室、砖石结构温室、复合结构温室等。按后屋面长度分，有长后坡温室和短后坡温室；按前屋面形式分，有二折式、三折式、拱圆式、微拱式等。按结构分，有竹木结构、钢木结构、钢筋混凝土结构、全钢结构、全钢筋混凝土结构、悬索结构、热镀锌钢管装配结构。

前坡面夜间用保温被覆盖，东、西、北三面为围护墙体的单坡面塑料温室，统称为日光温室。其雏形是单坡面玻璃温室，前坡面透光覆盖材料用塑料膜代替玻璃即演化为早期的日光温室。节能日光温室的特点是保温好、投资低、节约能源，非常适合我国农村使用。

2. 节能型日光温室有什么特点?

节能型日光温室具有充分利用太阳光热资源、节约燃煤、减少环境污染等特色。在北纬34°～40°地区，冬天不加温，仅依靠太阳光热，加火强化保温或少加温的情况下，就可以在冬季生产喜温性蔬菜。目前节能日光温室类型变化较多，典型的有以下几种：

（1）辽沈Ⅰ型日光温室。这种日光温室跨度7.5～8.0米，脊高3.5米，后屋面仰角30.5°，后墙高度2.5米，墙体内外侧为37厘米砖墙，另外选用了一些新的轻质保温材料配合墙体保温，操作省力，如用9～12厘米厚聚苯板代替干土、炉渣做墙体的中间夹层，用轻质的保温被代替草苫作为夜间外覆盖保温材料，后屋面也采用聚苯板等复合材料保温，拱架采用镀锌钢管，配套有卷帘机、卷膜器、地下热交换等设备。

（2）改进冀Ⅱ型节能日光温室。这种日光温室跨度8米，脊高3.65米，后坡水平投影长度1.5米。后墙为37厘米厚砖墙，内填12厘米厚珍珠岩。骨架为钢筋折架结构。这种日光温室结构性能优良，在严寒季节最低温度时刻，室内外温差可达25℃以上。

（3）廊坊40型节能日光温室。这种日光温室跨度7～8米，脊高3.3米，半地下式0.3～0.5米。前屋面的上部为琴弦微拱形，前底角区为1/4拱圆形，采用水泥多立柱、竹竿竹片相间复合拱架结构，或钢架双弦、单中柱结构。前坡以塑料薄膜和草苫覆盖。后屋面仰角50°，水平投影0.8米。后坡为秸秆草泥轻质保温材料。后墙体为土筑结构，后墙高度为2.2米，底宽为4米，顶宽为1.5米。前底角外部设防寒沟，以加强防寒保温效果。后墙上设通气孔，利于炎热季节通风降温。

（4）寿光第五代温室。温室内南北跨度11～12米，脊高

4.8～5.2 米，半地下式 0.6～1.0 米。后墙体为土筑结构，后墙高度为 3.5～4.0 米，底宽为 5～7 米，顶宽为 2 米左右，山墙底部厚 5～7 米，顶厚 1.5 米左右。前屋面的上部为琴弦微拱形，前底角区为半拱圆形，采光面由钢管、竹竿、竹片相间组成复合拱架结构，以塑料薄膜和草苫覆盖，采用多排水泥立柱支撑，坡面平均角度为 17°左右。后屋面仰角为 30°左右，水平投影 0.8～1.2 米。后坡为薄膜、秸秆、草泥等分层建成。

3. 目前温室建设中存在着哪些误区？

目前在温室（大棚）建设中存在着较多的误区和问题。具有普遍性、比较突出的问题有以下几个方面：

（1）新建温室的采光面多数仍然采用一面坡形、微拱或抛物线形，较少采用大弓圆形。

首先，前两者采光面角度较小，太阳入射角大，室内光照弱、温度低。第二，一面坡形和抛物线形温室，其采光面比较平，薄膜难以压紧，遇到大风天气，薄膜容易上下扇动，诱发室内迅速降温。第三，这种结构抗压性能差，并且下雪时采光面易积雪，清扫积雪用工量大，而一旦积雪多时，会压垮设施，2007 年元宵节的大雪压跨了数以万计的温室，绝大多数都是这种结构的。

（2）温室后墙厚度达数米，有的温室墙体厚度达 7 米以上，为了达到厚度，为建墙体室内下挖 60～100 厘米，设施内表层土壤、甚至厚度 80 厘米左右的表层土层全用于建墙。此种方法建造的温室，土地利用率低，可耕种土地仅占占压土地的 60%左右，耕作层土壤又被取走，底层土壤肥力差，土壤熟化程度低，2～3 年内难以获取高额产量和收入，特别是雨季来临时，积水难以排除，内涝严重，长达 2～4 个月的时间棚内不能种植作物，时间利用率大大降低。

实际上热量平衡规律是由热处向冷处散发热量，温室的室内温度高于室外，昼夜24小时当中，墙体热量分分秒秒都在向室外传递释放，并不或极少向室内释放。墙体厚度与室内温度关系不成正比例关系。

（3）温室过于高大，有不少温室高度达4.5米以上，宽度达12米还多。这种温室不但投资大、土地利用率低，而且经济效益低。因为在温室内的光照和室内温度都随高度的下降而降低，温室越高，其地面和1米左右高处的光照越弱，室内叶幕层处温度越低，土壤温度更低。作物根系的生长发育受到低土壤温度的制约，发根少、扎根浅、活性差，极不利于作物的生长发育和光合作用的提高，因此经济效益必然下降。

（4）温室的操作房建在一端，有的还在室内采光面的一端开门，这样缩短了温室长度，降低了经济效益。温室内每1米宽的土地，一般可收入300～400元，管理好的可收入500元以上。温室操作房一般占地4米宽左右，使温室减少4米长度，每年少收入千元左右，十几年就少收万元左右。因此操作房应建在温室的后部，在温室的后墙上开门，利用温室后墙做操作房的前墙，既减少投资，又能充分利用土地，增加经济效益。操作房应建成平顶房，夏天可以摆放温室覆盖物如草帘之类，可减少上草帘时的搬运用工，又不占压土地。

（5）温室开门太大或者太小，多数采用单门。温室的门开大了不保温，开小了，进出不便，一般开门170厘米×70厘米比较适宜。温室门应该采用双层门，在温室后墙的墙外和墙里各设一门，封闭要严密，这样进出温室时，双门之间有一缓冲带，减少并制止了冷热空气的对流，可以防止室门直接打开，引起室内温度骤降。

（6）墙体外面不设保温层，保温效果差。

4. 设计建设温室时应注意选择什么样的地块？

设计建设温室选地时，要注意选择那些离城市、工矿企业、医院和交通干线距离适中（既远离无污染源，又便于运输和市场供应），其空气、土壤、灌溉用水无污染，地势高燥，大雨过后不积水，地下水埋深低于 1 米，排灌条件良好，土壤肥沃，土质松散，透气性好，土层较深，保肥保水性能良好，且背风向阳，其东南西 3 个方向没有高大建筑物和高大树木，交通方便的地段。在这样的地段建设温室，既能远离污染源，利于生产无公害、绿色和有机产品，又能避开多种不利的环境条件，减少灾害发生，便于运输和市场供应。

5. 设计建设温室时应注意哪些问题？

除注意合理选择地块外还应注意以下方面问题：

（1）坐向。温室应坐北朝南、并偏西（阴）3°～5°为好。这样的方向，接受阳光时间长，光能利用率高。方法如下：中午 11 时 40 分至 12 时 30 分，在地面插一根垂直标杆，通过观察，选取其最短投影，然后做其垂直线，再以该垂直线为准，偏阴 5°划直线，所划直线，即为温室后墙方向基准线。

（2）设施大小。日光温室，其东西长 50～70 米比较适宜，若长度短于 40 米，则温室体积偏小，保温性能降低，遇到严寒天气，室内易发生冷害或冻害（表 1）。若长度超过 80 米，则拉盖草苫的时间长，管理不方便。

表 1　清晨 8 时不同长度温室的平均温度变化（单位：℃）

温室长度 \ 室内温度 \ 室外温度	−3	−5	−7	−9	−12
32 米	10.3	9.1	7.2	4.3	2.2
43 米	10.7	10.1	8.7	7.1	5.3
51 米	11.3	10.3	9.2	8.9	8.1
61 米	11.7	10.4	9.5	9.1	8.7

（3）温室的高度与南北跨度。高度与南北跨度应根据当地的纬度来定。高度与跨度决定着温室采光面的角度（图 1），采光面角度左右着阳光入射角（阳光射线与采光面垂直线的夹角）的大小。研究得知：太阳光的投射率与光线入射角关系密切。其入射角在 0°～40°范围内，光线的入射率变化不明显，当入射角大于 40°以后，随入射角的增大，其透光率急剧下降。

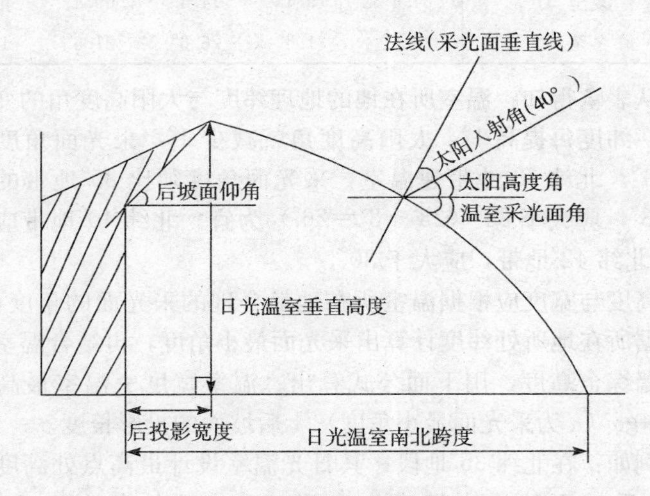

图 1　温室各种角的示意

图中表明：温室采光面的角度＝90°－太阳高度角（阳光射线与地平面的夹角）－阳光入射角（40°）。太阳高度角，在一天之中，中午最大（表 2），早晨出太阳和傍晚落日时为零，随着太阳的升高角度增大，中午后又慢慢下降。

温室采光面的角度，应根据当地太阳高度角（表 2）来决定。如在北纬 35°左右地区，其冬至中午时的太阳高度角为 31.6°，建温室具体计算其采光面角度时，太阳高度角应采用比中午时的太阳高度角适当减少 5°～6°为宜。计算如下：

采光面的角度＝90°－（31.6°－5°）－40°＝23.4°。其采光面的角度，应大于 23°。

表 2　不同纬度不同季节太阳高度角的变化（12 时）

季节 \ 太阳高度角 \ 北纬度	30°	35°	40°	45°	50°
立春、立冬	43.6°	38.6°	33.6°	28.6°	23.6°
春分、秋分	59.9°	54.9°	49.9°	44.9°	39.9°
夏至	84.4°	79.4°	74.4°	69.4°	64.4°
冬至	36.6°	31.6°	26.6°	21.6°	16.6°

从表 2 得知：温室所在地的地理纬度与太阳高度角的变化规律为：纬度每提高 1°，太阳高度角就减少 1°，采光面角度就须增加 1°。北纬 38°地带建温室，采光面角度须比 35°地带的温室增加 3°，应大于 26°（23°＋3°＝26°）为宜。北纬 40°地带应大于 28°，北纬 42°地带，应大于 30°。

高度与宽度应根据温室所在地最合理的采光面的角度而定，可根据所在地所处纬度计算出采光面最小角度，再结合温室后坡与后墙综合高度，用下面公式算出：温室宽度＝温室最高点高度×ctgα（α 为采光面最小角度）＋后坡面的投影长度

例如：在北纬 35°地段，其日光温室设计最高点处高度若为 3 米，后坡面的投影长度为 1 米，采光面的角度为 23°，则 ctg23°＝2.36。计算如下：

$$3\times2.36+1=8$$

则在北纬 35°地区，设计日光温室最高点为 3 米、后坡投影为 1 米时，其南北跨度应为 8 米。

（4）采光面形状。应采用大弓圆形，这种形式，一是采光面呈拱形，结构坚固，抗压力强；二是坡面凸起，便于用压膜绳压膜，薄膜会被压成波浪形，可增加采光面积 20％以上，透光性能好，阳光利用率高，特别是上午 9 时以前，温室增温快；三是采光面薄膜压得紧，大风时较少扇动，防风性能好，保温效果好；四是拉揭草帘便利，且下雪时采光面上积雪少，便于清扫采

光面上的积雪；五是夜晚覆盖草帘后，薄膜与草帘之间有较大的空隙，形成一个三角带的不流通空气，可显著提高温室的保温性能。

（5）墙体建设。墙体是温室的最主要构件，它不但能支撑封闭温室，起到保温作用，而且它还具有白天蓄积热量，夜晚释放热量，稳定温室夜间温度的作用。墙体分为实心墙与空心墙两种类型，空心墙又可分为有保温填充材料和无保温填充材料两种类型。单纯从保温效果而言，只要封闭严密，空心墙体比实心墙体保温效果好，填充保温材料的墙体又优于无填充材料的墙体。但是墙体的作用不仅仅只是保温，它还担负着高温时贮存热量，低温时释放热量稳定室温的重要作用。若温室遇到连续阴冷天气，空心墙体因其蓄积热量较少，热量释放的少，其室内夜间温度会明显低于相同厚度实心墙体建造的温室。因此不应建设空心墙体，应建设成内有散热穴的适宜厚度的实心墙体，并在墙体外面，覆以保温层，其综合保温效果最好。

表 3　不同墙体温室清晨 8 时室内温度变化（单位：℃）

墙体结构 \ 室内温度 \ 室外温度	−3	−5	−6	−7	−9	−12
孔穴墙体	13	12.3	11.7	11.5	11.3	11.1
普通墙体	11	10.1	9.5	9.4	9.1	8.1
空心墙体	11	9.8	9.4	9.2	8.7	7.3

具体建设时，最好用泥土掺麦草砌土墙，后在墙内壁用铁制水管向墙内斜上方向打洞，每间隔 40 厘米高打 1 排，每排相距 40 厘米打 1 个。或内有 12 厘米的孔穴砖体墙，墙外砌 100 厘米左右厚的泥土实心墙体，墙体的内壁均匀密布有直径 5～6 厘米的孔穴（图 2），孔穴深入墙内 80～100 厘米。

这样的墙体，用砖量少，投资较少，墙体结实牢固，不怕风

图 2　后墙吸热穴建造示意

吹雨淋，使用寿命长。墙外包有泥土，泥土是仅次于水的储热材料，白天可以蓄积贮存较多的热量，夜晚又将这些热量释放出来，有利于提高设施内的夜间温度。墙体的内壁密布有孔穴，白天高温时，热空气可通过孔穴进入墙体内部，加热墙体，提高温度，蓄积热量，夜晚墙体降温，又可通过散热穴经空气对流向室内释放更多的热量，稳定、提高室内温度。

实践证明，一般情况下，两种不同墙体温室，夜温可相差2℃左右，若遇 2～3 天连续阴冷天气，其夜温相差幅度可达 3℃左右。

（6）增设保温层。如前所述，温室墙体贮存的热量绝大部分都向室外散放，为减少热量散失，提高室内夜间和连续阴冷天的温度，墙体建成后，还须在墙体外面增设保温层，杜绝热量外传。方法：用普通农膜，或用温室换下的旧薄膜将后墙、山墙包裹严密，然后在墙与薄膜之间的缝隙内填满碎草，碎草厚度 20 厘米左右，再用泥土把薄膜上下边缘埋压于温室后坡上和地面泥土中，并绑缚 1～2 道铁丝，加固薄膜。

墙体外面增设保温层后，墙体热量不再向外散发，夜晚寒冷时，墙体贮存热量只向室内释放，可显著提高室内夜温，比不设保温层的温室夜温提高 3～5℃。对稳定严寒时期的室内夜温，效果甚佳。如此建设，100 厘米左右厚度墙体的温室，其保温效果相当于甚至高于 5 米厚度墙体的温室。

（7）日光温室后坡面角度与投影长度。日光温室设有后坡面，可显著提高温室的保温效果；并能适当提高温室的高度，增大采光面角度，利于太阳光的射入；还能方便摆放与揭盖采光面的保温覆盖层（草苫、纸被等）。为保障严寒时期温室的室内温度，设立后坡面是必要的。但是，后坡面又能阻挡温室北边空中散射光的射入，恶化了温室后部的光照条件，造成温室后部作物生长发育状况、产品的产量与质量，都明显劣于前部作物。平衡利弊，并为便于摆放和揭盖保温覆盖物，应设立后坡面，但后坡面宽度不可过于宽大，其投影长度应维持在1米左右，以尽量减少遮光。如有条件，后坡面建成半活动型为好，上半部为透光型，夜晚备有保温覆盖设施，以提高温室保温效果，白天撤去保温设施，增加散射光的射入，以改善温室后部光照条件，下半部为保温性能良好的永久性坡面，利于保温、摆放与揭盖保温覆盖物。再者，后坡面的仰角应合理，在北纬36°左右地区，应维持在38°以上，以便于在最为严寒的季节（冬至前后2个月），太阳光可以直射后坡面的内壁，利于提高室温和改善温室后部光照条件。

（8）设置防寒沟。防寒沟应在室内4个边沿设置。其中南边沿的一条，应改建成储水蓄热防寒沟，即在前沿开挖一条深40厘米、宽30～40厘米的东西向条沟，沟南紧靠温室的外沿，站立埋设一排厚2厘米的泡沫塑料板，也可用旧薄膜包裹碎干草代替。沟底铺设一层碎草，再用旧薄膜将沟底、沟沿全部覆盖严密，后在沟内铺设一条直径为50厘米左右的塑料薄膜管（90厘米宽的双面塑料筒），长度同温室长。塑料管的一端开口封闭，使其高于地面，从另一端开口灌满井水，后将开口垫高封闭。

其他3条边沿，各挖掘宽20厘米、深30厘米的窄沟，沟内填入碎草，草要填满、踏实。沟内填入的碎干草，一能吸收设施内空气中的水蒸气，降低空气湿度，利于防病；二是比较全面地防止了土壤热量的外传，提高了室内土壤温度；三是沟内的碎草吸收水分后，被土壤微生物分解发酵，既可释放热量，提高室内温度，又可释放二氧化碳，为叶片的光合作用提供原料，可显著提高室内作物产量。前沿的泡沫板能防止温室热量外传，具有良好的保温效果；塑料管内的井水，白天吸收和蓄积热量，夜晚释放热量稳定室温，改变了温室前沿部位夜间温度偏低、白天温度偏高的弊病，管内的井水还可用于灌溉室内作物，解决了冬季灌溉用水温度低、浇水降低地温的难题。

(9) 采光面透明覆盖材料。要采用透光、无滴、防尘、保温性能良好，且具有抗拉力强、长寿的多功能复合膜。比较好的有聚乙烯长寿无滴膜、三层共挤复合膜、聚乙烯无滴转光膜、乙烯—醋酸乙烯三层共挤无滴保温防老化膜等。

(10) 通风口的设置。目前温室通风口多数仅设置1道风口，并且不在温室的顶部。这样设置，通风不畅，高温时降温难，只能扒开温室底口通风，但这样会导致冷空气直吹秧苗，引起冷害发生。

通风口应设置两道，一道在后坡面的上部，宽40～50厘米，由下向上开启；一道在采光面前部120～140厘米高处，宽10厘米左右。如此设置，通风方便，便于调节温度。高温时不须扒开温室底口，不会发生冷空气直吹秧苗现象。同时，在后坡上部设置风口，通风口滴水在操作道上，而滴不到茄子叶片上，消除了病害感染源，这样不但利于夜间通风排湿，而且利于预防病害发生。

6. 怎样建设无支柱型温室？

无支柱型温室（图3），因温室内部，没有支柱遮阴，室内光照条件好，温度高，便于操作，并且利于机械化作业，是今后发展设施栽培的方向。其建造步骤如下：

(1) 墙体建造。墙体分4种方式：

①土体墙。用泥土掺麦草砌土墙，后在墙内壁用铁制水管向墙内斜上向打洞，间隔40厘米打1排，每排40厘米打1个。墙体建好后再在墙体外面增设保温层，用普通农膜或用温室换下的

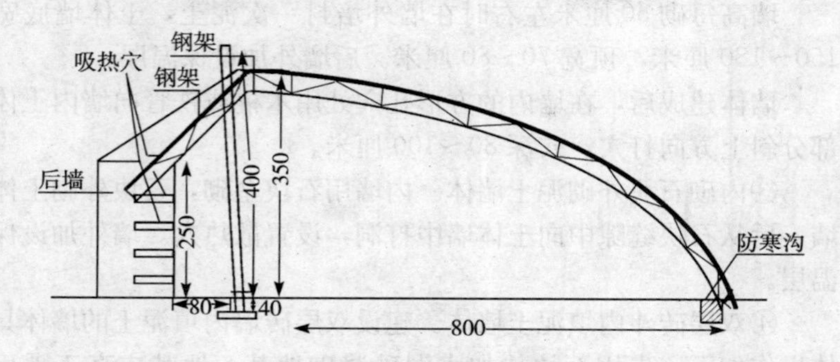

图3　无支柱型节能日光温室示意（单位：厘米）

旧薄膜将后墙、山墙包裹严密。然后在墙与薄膜之间的缝隙内填满碎草，碎草厚度20厘米左右，再用泥土把薄膜上下边缘埋压于温室后坡上和地面泥土中，并绑缚1～2道铁丝，加固薄膜。

②砖土复合孔穴墙体。内砌一层12厘米厚的孔穴砖体墙，外砌80～120厘米厚的泥土实心墙体，对这种墙体称之为砖土复合墙体。墙体的内壁均匀密布有粗度直径5～6厘米的孔穴，孔穴深入墙内80～100厘米。

这样的墙体，用砖量少，投资较少，墙体结实牢固，不怕风吹雨淋，使用寿命长。墙外包有泥土，泥土是仅次于水的储热材料，白天可以蓄积贮存较多的热量，夜晚释放热量多，有利于提高设施内的夜间温度。墙体的内壁密布有孔穴，白天高温时，热空气可通过孔穴进入墙体内部，加热墙体，提高墙体温度，增大蓄积热量，夜晚墙体中的孔穴，通过空气对流，向室内释放热量。

12厘米厚的孔穴砖体墙建造：每270～300厘米设立一根水泥柱，水泥柱之间砌12厘米厚的单砖墙，先分段用水泥砂浆砌蜂窝状单砖墙，每段长260～280厘米，两段之间留有10厘米的空间，墙体每砌高60厘米左右时，在空间处夹设模板，放置钢筋、灌水泥砂浆，由下向上，分段浇灌成水泥立柱。墙体建造时，每7～8层砖预留一排6厘米×6厘米的方洞，即每砌两砖留一个6厘米远的空隙，两洞之间相距56厘米。

墙高每砌 50 厘米左右时在墙外培封一次泥土，土体墙底宽 150～180 厘米，顶宽 70～80 厘米。后墙外加设保温层。

墙体建成后，在墙内的方形孔穴处用木棍或铁管向墙内土体部分斜上方向打穴，穴深 80～100 厘米。

③内砌石块外砌泥土墙体。内墙用石块垒砌，石块外砌土体墙，后从石块缝隙中向土体墙中打洞，设置散热穴。墙外加设保温层。

④双层砖斗内填泥土墙体。建设双层砖墙内填泥土的墙体具体操作如下：先用石块掺加水泥砂浆砌地基，地基应高于地面 20 厘米左右，宽 120 厘米左右，然后在地基上用水泥砂浆砌砖体的空斗墙，其厚度 1 米左右，斗壁厚 12 厘米，斗长 135～150 厘米，斗宽 76～96 厘米，斗高与墙高同，每两斗之间，有一段 12 厘米的砖墙将前后墙体联结，墙体内壁须建成孔穴状，每砌 7～8 层砖（高 40～50 厘米），要建造一排方形孔洞（6 厘米×6 厘米），即砌第 7～8 层砖时，每砌 2 块砖，留 6 厘米长的空间。墙体建成后，其内壁呈孔洞状，洞与洞中心点之间距离，上下左右之间均为 40～58 厘米。墙体内的空斗内必须用泥土填实，填土要等墙体水泥凝固后、分层进行，即每砌 50～100 厘米高墙体，填一次土，填后逐层踏实。待墙体建好并彻底凝固后，再用直径 5 厘米、长 120 厘米、前端削成尖形的洋槐木棍，在内壁墙上沿方形孔洞斜上方向打穴，穴深 60～80 厘米。最后外设保温层。

⑤水泥预制件、土体孔穴复合墙体。每 1 米远埋设长 300～320 厘米、截面为三角形或梯形的钢筋混凝土水泥柱，地下埋深 50 厘米左右，地上高 250～270 厘米，柱子宽面朝向墙内，预埋好后，柱子中心线之间距离 100 厘米，顶端等高成直线、内面处于同一平面内。后把柱子顶部先用角铁或直木棍临时固定，然后安装采光面骨架，骨架后坐铁管与水泥柱顶端固着连接成一体，将整个温室大架固定。再在两柱之间安装 5 厘米厚、宽 50 厘米、长 90 厘米的钢筋水泥预制板（水泥板中部预制 2 个直径 5 厘米

的孔洞，洞距 50 厘米，板边沿成斜形，其角度与水泥柱的角度互补，二者之和 180°。安装后，柱、板连成一条直线，基本处于同一平面内。每安装一排水泥板覆一次土，边覆土，边踏实，泥土底宽 150～180 厘米，顶宽 70～80 厘米。温室完全建设好后，再沿内墙的孔洞向墙内打穴，方法同前，后设置保温层。

外设保温层，内设孔穴墙体，其墙体热量不再向室外释放，白天高温时，热空气可通过孔穴进入墙体内部，快速加热墙体，提高墙体内部温度，增加蓄积热量，夜晚墙体降温，可释放较多热量，稳定、提高室内温度。实践证明，建有孔穴墙体温室的夜晚温度可比同等条件下的其他墙体温室夜温提高 3～4℃（表 2），如有外设保温层的其保温效果更好。

建造后墙的同时建造山墙，山墙厚度应达到 120 厘米左右，墙体形状与温室的骨架弧度相同，建造方法同后墙，其高度可比温室截面的平均高度矮 10 厘米左右，以减少遮光。

（2）温室门与操作室的建造。温室门可设在山墙的北部或在后墙的一端（图 4）。

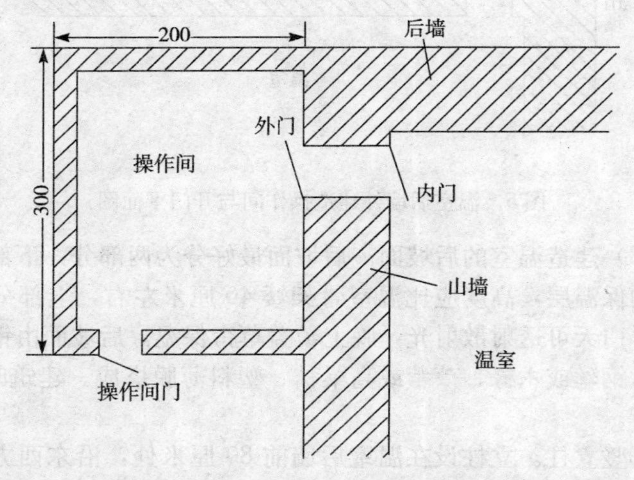

图 4　温室山墙外建造操作间与开门平面图（单位：厘米）

开门不可过大，门宽70厘米左右，高150～170厘米，门要建设双门，封闭要严密，分别设在墙体的外沿与内沿，两门相距100～120厘米，进入温室时先打开外门，待人进入两门之间以后，再关闭外门，然后打开内门，进入室内后，随即关闭内门。如上操作，可防止开门时冷空气侵入室内和热空气流出室外，能有效地提高温室保温效果。

为了管理方便，门外应建造6～8米^{2}的操作间。操作间建在温室的后边（图5），可以减少土地浪费，提高土地利用率。操作间最好建成平顶，4月份以后，温室撤下的草苫，可搁放于操作间房顶上，减少了上下搬运草苫的麻烦。

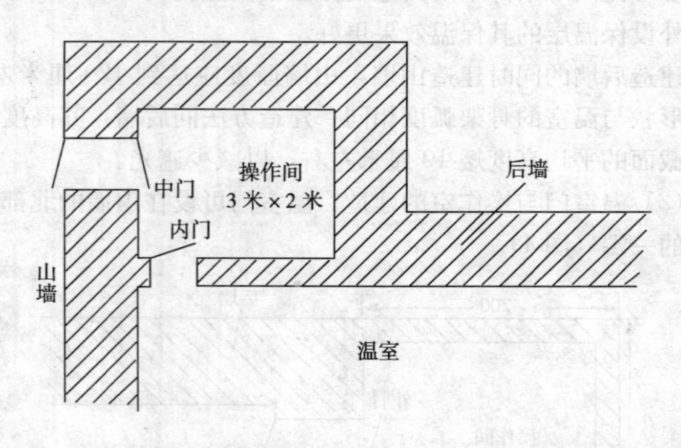

图5 温室后墙外建造操作间与开门平面图

（3）建造温室的后坡面。后坡面最好分为两部分，下部为不透光的保温层，高度应比温室骨架矮40厘米左右，上部分覆盖薄膜，白天可透射散射光，晚上覆盖草帘保温。后坡面由钢架或八木、钢丝或木椽、芦苇或高粱秸、塑料薄膜搭成。建筑时分5步进行。

①竖立柱。立柱设在温室后墙前80厘米处，沿东西方向排列，每间隔150～300厘米远埋设一根。立柱长320～340厘米，

横截面为 8 厘米×10 厘米，顶端成 50°左右斜角，离顶端 5 厘米处预制一个小孔，以便穿入铁丝，绑缚八木，或直接与钢架绑缚固定。立柱下端底下垫石块埋入土中，埋深 40～50 厘米。地上部分留长 270～300 厘米，立柱埋设好后，向北倾斜 3°左右。全部立柱埋设好后，要处在同一平面上，顶端处在同一高度，成一条直线排列。

②绑缚八木或固定在钢架上。前坡面为钢架者，可用铁丝直接将立柱绑缚固定；如果是竹木结构，可选用 200～220 厘米、小头直径≥10 厘米的洋槐木或硬杂木棍做八木。架设前，先在离小头 50 厘米远处，割一条深 1 厘米左右的锯口，后用锛子在离小头 55 厘米处，切去厚 1 厘米左右的三角形木块，使之成为三角凹形斜面。然后将八木的三角形斜面与立柱顶端斜角紧密结合，再以铁丝穿过立柱顶端小孔绑缚牢稳。八木的大头搭在后墙高 170～180 厘米处，并以铁丝固定于墙外地锚上。八木架设好后，应使每根八木都基本处于同一平面上，与地面成 38°以上的夹角，八木前端处在同一高度，东西方向基本成直线排列。

③拉钢丝或钉椽子。竹木结构者，先在八木顶端，沿东西方向钉设一道粗度直径≥8 厘米的木棍做脊檩，脊檩的接头要抠成凹凸榫，使之接牢基本成一条直线。然后再在八木上钉设木椽或拉钢丝。若用木缘，须选用粗度直径≥7 厘米的洋槐木棍或其他硬杂木棍，东西向固定于八木上，其间距为 20～25 厘米。

若选用钢丝，须先在温室东西山墙外 100～150 厘米处，挖深 100～120 厘米的土穴，然后埋入重 50 千克左右的长石块，石块中部绑缚钢筋，钢筋的另一端，露出地面长 40 厘米左右，埋设好后，再灌水沉实。

第一道钢丝可固定于离脊檩距离 10 厘米处，向下依次每 15～20 厘米拉一道，共 6～8 道。钢丝须用紧线机拉紧，两端连接于温室山墙外面地锚的钢筋上，并用“∩”形钉钉在八木上，使之固定。

④铺设苇箔。木椽钉齐后，或钢丝拉好以后，再在上面铺设苇箔，若无苇箔，也可以用苇子、高粱秸、玉米秸等代替，用麻绳或塑料线丝绑缚于木椽或钢丝上，其厚度5～7厘米，高度须低于后坡最高处40厘米左右。

⑤覆草保温。苇箔上面先薄薄铺撒一层麦草或苇叶等其他杂草，再泥一层麦秸草泥封闭严密，泥干后，再在后坡面上覆盖玉米秸，其厚度：后坡底部为30厘米左右，中部25厘米左右，顶部5厘米左右，整平后成一斜面草坡，草坡外面用塑料薄膜覆盖、封严，再以毛竹片压紧并用钢丝固定与后坡内面骨架或八木上，以防下滑。

后坡面建好以后，其外有草层保温，可有效地稳定温室的夜温，温室的保温性能优良。

（4）建造采光面。采光面（前坡面）分有支柱和无支柱两种类型。无支柱类型温室的采光面由前八木（骨架）、钢丝绳（或钢丝）、无滴膜、压膜线组成，其建造步骤如下：

①埋设地锚。在温室两山墙外100～150厘米处，开挖深120厘米的南北沟，埋入水泥柱或重50千克左右的长石块，其上绑缚钢筋（粗度直径1厘米左右），第一处埋在温室最高点垂影处，后依次向南，每间隔1米埋一处，共埋5块，土填满后灌水沉实。

②拉钢丝绳。先把地锚钢筋上端弯曲成环状，并用铁丝缠绕扎紧，然后东西方向拉钢丝绳。第一道钢丝绳设在离后坡面的顶端80厘米处，第二道与第一道相距100厘米，第三道与第二道相距120厘米，第四道与第三道相距150厘米，第五道与第四道相距180厘米。每道钢丝绳都要用紧线机拉紧，再用花篮螺丝固定于温室两端地锚的钢筋环上。最后拧紧两端花篮螺丝，再次拉紧钢丝绳。

③安装骨架（八木）。从使用角度考虑，温室骨架最好用不锈钢管制作，亦可用镀锌铁管制作，其造价虽比前者低，但因其

易锈蚀损坏，须涂油漆预防锈蚀骨架每 2 架之间相距 100～120 厘米，北端固定于后墙顶部，中部分别用铁丝绑缚固定于各道钢丝绳上，下端用水泥砂浆灌制埋入温室的前沿土内。

上骨架前，须先在温室前沿挖好土穴，然后放入骨架，待后端及中部全部固定好后，再灌注水泥砂浆，并要预埋钢筋，钢筋长 40 厘米，上端弯曲成直径为 3 厘米的小环，下端折成“L”形放入穴内，后用水泥混凝土砂浆灌穴，把钢筋和骨架下端凝固成一体，然后覆土踏实与地面平。钢筋上端的小环要露出地面，位于骨架同侧东南边 10～15 厘米处，以备以后覆膜时，拴系压膜线之用。

④安装塑料薄膜。采光面的塑料薄膜，由底膜、主膜两幅薄膜组成，安装完成后，温室后坡上部至草帘卷北部和温室前部 1.2～1.4 米高处，各有一道通风口（后风口、前风口），便于管理。目前，不少温室只设顶风口，不设前风口，这样做，在管理上带来诸多不便，一旦室内出现高温，只靠顶风口通风，降温困难，即使打开后墙的通风窗口，也难以使温室前部温度降下来，只好扒开底膜，开口通风。这样做，室外冷空气，直吹室内作物，往往会造成室内前部的温度骤然猛降，引起作物叶片失水干枯，带来不应有的损失。

设有前风口的温室，通风时，室外冷空气由 1.4 米处进入室内，因被室内前部上升的热空气迅速加热，避免了冷空气直吹作物现象的发生，而且前风口与顶风口会形成空气对流，促进室内空气循环，利于热空气由顶风口迅速排除，既均匀了室内各部位的温度，又有效地降低了室内温度。

塑料薄膜，要选用透光率高、无滴效果好、耐老化、防尘、保温效果好的多功能膜或聚氯乙烯无滴膜。安装之前，要根据采光面的长宽度，进行裁截加工，处理塑料薄膜。

主膜宽度＝前坡面总宽度＋后坡上部透明部分宽度－底膜埋土以上部分宽度（130 厘米）＋30 厘米（两边缝筒重叠宽度＋后

坡压草部分宽度)

塑料薄膜长度，应根据选用的薄膜种类来定，选用聚氯乙烯无滴膜，其长度可比温室长度短5%左右；选用多功能复合膜，其长度应与温室长度相同。薄膜裁截好后，要先用电熨斗把薄膜两端的边缘，熨烫加工成10厘米宽的缝筒。主膜两条边缘、底膜上部边缘各熨烫加工一道5厘米宽的缝筒备用。

安装次序：先装底膜，再装主膜。

底膜安装：先把薄膜拉开，并在上端边缘缝筒内。穿入一根12号钢丝，薄膜两端缝筒内各穿入一根毛竹，把薄膜拉紧压在两山墙外沿，再用铁丝系紧毛竹，拴系于温室两端地锚上，后用紧线机拉紧钢丝，拴系于温室两端的地锚上，再以细铁丝从每根骨架的腹面，以"∩"形绑缚方式，把串入薄膜缝筒中的钢丝固定于骨架上（图6），固定后的钢丝离地面垂直距离130厘米左右，并低于所处部位骨架外缘0.3厘米左右，后在温室前沿东西向开沟，沟深30厘米，沿沟北岸铺设地膜，地膜外覆盖碎草，厚度20～30厘米，最后拉紧薄膜，用土把底部边缘压在草层的外边即可。

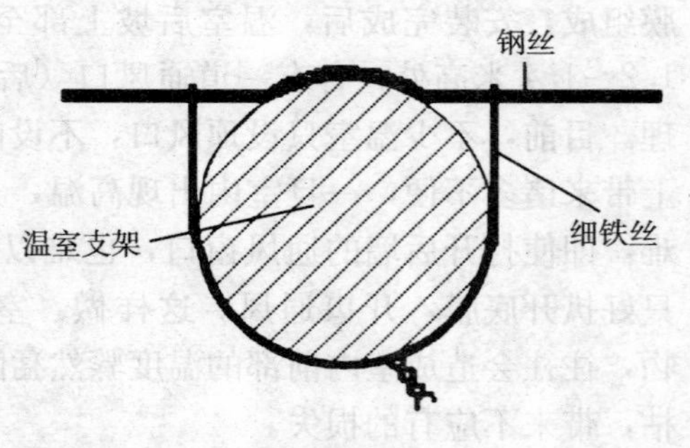

图6　绑缚钢丝示意

主膜安装：把主膜拉开，上下边缘缝筒内各穿入一根尼龙绳（粗度直径0.4厘米），两端缝筒内各穿入毛竹。拉紧薄膜，分别把毛竹压在温室山墙的外沿处，再各用4～5根铁丝，系紧毛竹，拉紧后系结固定于温室两端的地锚上。上端边缘压在后坡中部草质保温层上，距离棚顶50厘米左右。后向下拉紧薄膜，让其压在底膜上面，二者重叠3～5厘米宽，并把尼龙绳拉紧系于两端地锚上。

为防止薄膜收缩上移，开露风口，可用细尼龙绳，系住薄膜下缘缝筒内的尼龙绳，拉紧后再系于温室前沿地锚上。

⑤拉压膜线。选用圆形钢心线，按温室采光面总宽度加60厘米长截成段，其数量与温室骨架数量相同，每根骨架旁边压一道。压膜线应先从温室采光面的中部（1/2处）拉第一道，上端系于后坡面上部预设的“Ω”形钢筋上，下端拉紧后系于前沿地锚铁环上。然后拉1/4处和3/4处两道，最后分段操作，全部拉紧固定。这样操作，温室采光面薄膜受力均匀，承受压力大。

⑥挖设储水蓄热防寒沟。在温室内的前沿，开挖一条深40厘米、宽30厘米的东西向条沟，沟南紧靠温室的外沿，站立埋设一排深50厘米、厚2～3厘米的泡沫塑料板（塑料苯板），沟底铺设一层碎草，再用两层旧薄膜将沟底、沟沿全部覆盖严密，后在沟内铺设一条粗度直径为50厘米左右的塑料薄膜管（90厘米宽的双面塑料筒），其长度和温室长度相同。铺设好后，先把塑料管的一端开口用细绳缠紧，并垫高使其高于地面，再从另一端开口灌满井水，后将开口折叠或用细绳缠紧、垫高，不让开口向外漏水。

这样做，前沿的泡膜板能防止温室热量外传，具有良好的保温效果；塑料管内的井水，白天可蓄积热量，夜晚释放热量稳定夜温，还可用于灌溉室内作物，解决了冬季灌溉用水温度低，浇水后降低地温的矛盾。

⑦增设后墙保温层。用普通农膜或换下的旧薄膜，膜宽3米左右、长度为温室长度加上2个山墙长度。先将薄膜两端用熨斗加热，黏结成10厘米的缝筒，各插入3～4米长的毛竹，将其拉开、拉紧包住后墙与山墙。两端的毛竹，下头扎入地中，入土深30厘米以上，上头以铁丝缠系，固定于山墙外沿处，薄膜底部边缘埋于墙外土中。然后在墙与薄膜之间的缝隙内填满碎草，使碎草厚度达到20～30厘米，再用泥土把薄膜上部边缘埋压于温室后坡上。如此处理后，温室墙体外面有一层良好的保温层，墙

体热量不再向外释放，夜晚寒冷时，墙体热量只向室内释放，显著提高了温室的夜间温度，对稳定严寒时期的室内夜温，效果十分明显。

7. 怎样建设有支柱型温室？

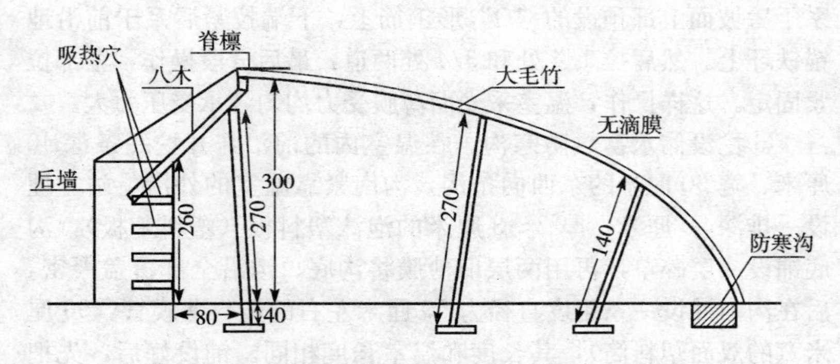

图 7　有支柱式节能日光温室示意（单位：厘米）

有支柱型温室的墙体、既后坡面、操作房的建造可参照无支柱型温室的建造方式进行。采光面建设步骤如下：

（1）埋设支柱。温室支柱由 3 排组成，后排支柱长 300～320 厘米，截面粗 8 厘米×10 厘米，顶端呈 40°斜角，离顶端 5 厘米处，预设一个小孔，以便穿入铁丝，绑缚八木。该支柱埋设于后墙前沿外 80 厘米处，东西方向每相隔 180 厘米立一根，埋深 40～50 厘米，柱下垫石块或砖块，地上部留 270～280 厘米，柱子埋设好后，向北倾斜 3°，全部支柱要求基本处在同一平面上排列、顶端成一条直线。

中排支柱，柱长 300～320 厘米，截面积 8 厘米×10 厘米，支柱顶端呈一弧形凹槽，槽下 5 厘米处预留一个细孔，以备穿铁丝固定八木（竹竿）之用。中排支柱立于离后墙前沿 350～360 厘米处，东西方向每相隔 360 厘米立一根，埋深 40～50 厘米，下垫砖块，柱子立好后向南倾斜 7°～10°。

前排支柱用长180～200厘米、直径5～7厘米的硬杂木棍，木棍顶端钻一小孔，以备穿铁丝固定八木（竹竿），该排支柱立于离前缘140厘米处，东西方向每间隔360厘米立一根，埋深40～50厘米，地上留140～150厘米，向南倾斜30°。

3排支柱立好后，要达到东西方向、南北方向都对齐，处于同一平面内，顶端东西方向成直线排列，处于同一高度。

（2）架设前坡面。有支柱型温室的前坡面，由竹竿、铁丝、桐木垫、无滴膜及压膜线组成。建造时分以下6个步骤进行。

①埋设地锚。地锚分别埋设于东西山墙之外、北墙外和温室前缘4个部位。东西山墙外各埋设6～8个地锚，用来拴系前后坡面的钢丝。埋设时在墙外1.5米远处，开挖深1米的南北沟，沟底埋设水泥柱或大石块，并拴系8号铁丝，铁丝上段要露在地面以上，埋土后，灌水沉实。北墙外50厘米远处，每相隔3米左右，埋设一个地锚，用以拴系稳定压膜线的钢丝。温室前缘的地锚，埋设于温室前沿处，地下深埋50厘米以上，用以稳定八木，固定拴系压膜线的钢丝。

②上前八木。前八木要选用节间短，壁厚，尖削度大，大头直径8厘米以上，长度达8米以上，无裂缝，顺直，或呈大弧形弯曲的新毛竹，每间隔3.6米架设一根。操作时，先将毛竹的大头锯齐，再钻一个细孔，穿入铁丝，大头向上架设于3排支柱的顶端，大头绑缚于脊檩上，中部绑缚于中排支柱顶端的槽口上，前部绑缚于前排木柱的顶端，前端下压埋入温室前沿地下，并用铁丝与埋设的地锚联结，固定牢稳。地锚在前沿埋深50厘米以上，用铁丝联结毛竹前端再埋入地下。架设好后，要求每根毛竹成上凸下凹的弯弓形，并处于同一高度，同一弧度，使温室的前坡面形成半弓圆形。

③拉设钢丝。前坡面的八木上面，须拉设钢丝，可选用10号镀锌优质钢丝。中柱以北的部分，每相隔30厘米拉一道，共拉设7道。中柱以南部分，每相隔40～70厘米拉一道，共拉设

6～7 道。钢丝要用紧线机拽紧后固着在东西墙外面的地锚上，再用 16 号铁丝从毛竹下面绑缚固定于毛竹阳面上。

室内亦需要拉 3 道钢丝，用于拴系吊果线，前道在离地面高 1.3 米处，在室内固定于前八木上；中、后两道钢丝分别固定于中、后两排支柱的 1.7 米高处。

温室后坡面的外面、前缘地面上，各需东西方向拉一道 8 号钢丝，拉好后拴系于温室两端的地锚上，以备拴系压膜线之用。后坡面上的一道，用 12 号铁丝与墙后地锚连接，固定于离棚脊 40 厘米处的后坡面上。前缘的一道紧挨地面，与拴系八木的地锚连接，固着于温室前沿的地面上。

④架设棚膜杆。选用大头直径 4 厘米左右的实心毛竹，如长度不足 8 米时，可相互连接，使之达到 8 米左右。棚膜杆，每相隔 90 厘米架设一根，大头钻孔穿铁丝，下垫 5 厘米高的桐木垫，绑缚于脊檩上，下端埋入温室前缘的泥土中。其他部位垫 3～5 厘米高的桐木垫，用 14 号铁丝绑缚，固着于棚面钢丝上。

⑤绑缚桐木垫。用直径 3～4 厘米的桐树棍或厚壁竹竿，截成 3～5 厘米高的木（竹）段，垫在棚膜杆与钢丝之间。操作时，先用 14 号铁丝缠绕毛竹一周，勒紧、拧实，再把铁丝穿过桐木垫的中心髓孔，再次勒紧，拧在 10 号钢丝上，稳固棚膜杆于钢丝之上（图 8）。

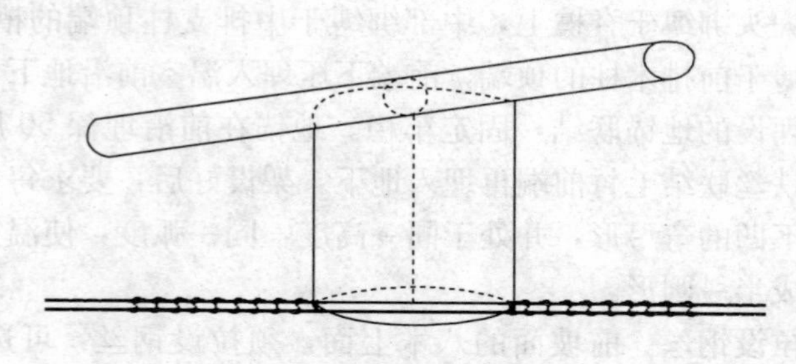

图 8　绑缚桐木垫示意

棚膜杆架设木垫之后，与钢丝之间距离加大，使采光面上的无滴薄膜离开钢丝 8～10 厘米，压膜线压紧后，薄膜不再与钢丝接触，既可防止滴水现象发生，又利于压紧薄膜，使采光面形成波浪形，达到增加透光量和防风的目的。

⑥上薄膜。前坡面的无滴膜，由底膜、主膜、通风膜 3 幅组成。架设方法同有支柱型温室采光面的架设方法。

（二）温室生态环境条件的调控

1. 温室内的生态环境条件与露地环境条件相比有哪些不同?

温室是在不适宜植物生长发育的严寒季节和恶劣的气候条件下进行作物栽培，由于受外界环境条件的制约，加之设施本身封闭性严密的特点，其生态环境条件已经不同于露地的环境条件，使它具备了多种不适宜于作物生长发育的不利因素。

（1）外界环境条件恶劣，室内外温度差异性大、室内气温随高度变化上下之间差异大、地温气温差异性大。冬季会经常受到寒流、冰雪、大风、低温，甚至是长期阴冷等恶劣气候的影响，室内气温、地温经常骤然下降。大幅度降温，会引起枝叶和根系生理性障碍现象频繁发生。

室内气温随高度的下降温度逐渐降低，地面处温度一般比室内 2 米高处的温度低 3～7℃，室内作物架面高大时，温度差异性更大。白天地温可比空气温度低 7～10℃，10 厘米以下土壤温度更低，20 厘米左右处土壤温度仅 12℃左右，地温低，根系活性差是制约室内茄子生长发育、产量效益的最主要因素之一。

（2）温室内光照条件差，光照强度明显不足。太阳光是一切作物进行光合作用，生产有机物质的能源，也是温室热量平衡之源。茄子要维持较高的光合效能，其光照强度应达到 3 万～6 万勒克斯。在冬季，太阳的辐射能量，不论是总辐射量，还是作物光合作用时能吸收的生理辐射量，都仅有夏季辐射量的 70%左右，设施覆盖薄膜后，阳光的透光率为 80%左右，薄膜吸尘、老化后，其透光率又会下降 20%～40%。因此，设施内的太阳辐射量，仅有夏季自然光强的 30%～40%，2 万～4 万勒克司，远远低于茄子光合作用的光饱和点。倘若阴天，设施内光照强度几乎接近于茄子光合作用的光补偿点。光照弱，光照时间短，是制约设施作物产量、效益的又一主要因素。

（3）光照分布不均匀，差异显著。一般情况下，温室的前部，采光面屋面角大，阳光入射率高，光照较为充足；中间部分，其光照强度可比前部低 10%～20%；采光面的后部，屋面角最小，加之温室的后坡、后墙又遮挡了北部与上部散射光的射入，阳光入射量更低，光照强度仅有前部的 60%～70%，如不加以调控，会引起严重减产。

（4）温室密闭性好、室内外空气较少交流或不经常交流，通气不良，会诱发多种不良现象发生。

①白天茄子进行光合作用时，室内空气中的二氧化碳气体，很快被叶片吸收，由于内外空气流通不便，二氧化碳气体不能及时补充，极易缺乏。缺少二氧化碳，会使光合效能急剧下降，其产品产量、品质都会受到严重影响。因此是否能够及时补充并提高温室（大棚）内的二氧化碳气体含量，是制约温室茄子栽培效益的最为重要因素。

②设施密闭，土壤呼吸作用及肥料分解发酵释放出的有害气体，特别是氨气、亚硝酸气体等不能及时排除。此类有害气体在温室内有少量存在，就会对室内作物造成严重危害。

③温室内外空气交流少，空气不流通，土壤蒸发的水分和作物叶片蒸腾排除的水分，都以水蒸气状态积累于室内的空气中，室内空气湿度高。

空气湿度高，为各种真菌、细菌、病毒等病害的侵染发展，提供了有利的生态环境，极易诱发病害，而且病害种类多，侵染速度快，发病频繁，防治困难。

2. 怎样改善温室内的光照条件?

(1) 适时揭盖草苫，延长见光时间。一般只要太阳显露，就要拉开草苫，日落前后覆盖草苫。要尽量延长茄子的见光时间，提高光能利用率。若遇阴雨雪天或寒冷天气，也要适时拉揭和覆盖草苫，一般可比晴天推迟半小时左右拉苫，杜绝不拉揭草苫现象的发生。

可能有人担心，天气寒冷时，拉苫后，会引起室内温度下降。实践证明，只要出太阳，拉开草苫后，室内就会因为采光而提高温度，就是阴天，只要不是拉揭草苫过早，室内也会因为吸收大量的散射光而增温。即便拉苫后有短时间的降温，也比不拉苫，或拉苫太晚好得多。因为茄子的叶片只要见光，即便在2～5℃的低温条件下，也能进行光合作用，只是弱点，生产的有机营养少些。如果不拉草苫，茄子植株处在黑暗环境中，只能进行呼吸作用，消耗有机营养。黑暗环境时间持续越长，消耗的有机营养物质就越多，对茄子的生长发育越不利。如此长期操作，只能是低产、劣质、低效益，甚至引起茄秧死亡。

揭苫之后，要及时擦膜，清除薄膜上的灰尘、草屑，保证薄膜较好的透光性，保障室内良好的光照条件。

(2) 张挂反光膜。温室后部光照弱，应在温室后墙与后坡面的内侧张挂反光膜，改善后部的光照条件，提高光合效率。实践证明，温室张挂反光膜后，其后部光照强度可增强20%以上，使后部的作物增产10%以上。

(3) 实行南北行向、宽窄行栽种。冬季太阳高度角低，植株之间，相互遮阴重，如实行东西行向栽植，则南行遮阴北行，一行遮一行，会导致光照条件严重恶化。南北行向栽植，行与行之间，见光均匀，宽行又能明显改善茄子各单株之间的光照条件，增强光合强度，并利于太阳光直射行间地面，提高土壤温度，促进根系发育，提高根系活性，达到以根壮秧，促进地上部分生长的效果。

实践说明，有效地提高土温，促进作物的根系发育，是越冬栽培能否取得成功的一项极其重要的技术措施。

（4）调整种植结构与密度。一要严格控制茄秧的高度，保持南低北高，布局均匀的群体结构。室内群体总体高度应限制在温室高度的3/5以内，最好把植株高度控制在1.3～1.5米，以免架面高，光照条件恶化，降低光合效能。二要适当降低温室北部的栽种密度，由南向北，每行的栽种密度应逐渐降低。栽种茄子，南部株距20厘米左右，中部株距25厘米左右，中北部株距28厘米左右，最北边的2～3株，株距可扩大至30厘米左右，尽力做到群体的单株之间光照均匀。

（5）提高茄子植株自身的光合效能。

①选用耐弱光或较耐弱光的品种。

②用天达2116、康凯、芸薹素内酯、光合微肥等喷洒植株，提高茄子叶片的光合效能。

（6）人工补光。温室栽培时，如果日照时间太短，应进行人工补光。可在种植带1/3～1/2处，每相间3～4米，距地面2米左右，垂吊1个40～60瓦的节能灯或白炽灯。盖苫后照至22时前后即可。

3. 温室栽培茄子和露地栽培茄子，其温度的变化规律有什么不同？

露地条件下栽培茄子，多在春季播种，夏秋收获，其温度变化规律是播种时温度较低，气温多在15～25℃，随着秧苗的生长发育，气温逐渐增高，进入开花结果期，田间空气温度可高达28～35℃，土壤温度亦高达30～40℃，一般比空气温度还要高2℃左右。土壤温度高，根系发达，吸肥吸水能力强，能够满足茄子开花结果对肥水的大量需求。

温室栽培茄子，一般在夏末初秋高温季节育苗，随着秧苗的生长发育，气温逐渐降低，进入开花结果期，正处于严寒季节，虽然室内空气温度也可达到30℃左右，但是仅中午短时间内温度较高，大多数时间处在低温条件下，难以满足茄子开花结果期对温度的需求。而且温室中空气温度随所处部位高度的下降，温度显著降低，白天其土壤温度又显著低于空气温度，二者相差7～10℃。土壤温度低，不利于根系的生长发育，根系吸收能力差、活性低，很难满足植株开花结果期对肥水的需求。

地温低、高温时间短，部位高低之间温度差异性大，气温、地温受天气变化影响大，变异性大，昼夜温差大，这些都极不利于茄子的生长发育，必须科学调控，以便满足茄子生长发育、开花结果对环境条件的需求。

4. 温室栽培茄子，室内温度应该怎样调控？

每种作物都要求一定范围的温度条件，同种作物不同的生育时期所要求的适宜温度亦有差异，只有用最适宜的温度去满足作物各生育期对温度的需求，才能维持良好的生命活动，保证与促进作物的生长发育，提高光合效率，获取高额产量与较高效益。

在露地栽培条件下，茄子生长发育最适宜的温度，白天为25～30℃，夜温为12～20℃。在满足作物对温度要求时，必须认识到：严冬季节，在温室栽培条件下，其生态环境发生了大的变化。因此，茄子对温度的要求也必然有所变化，不会等同于露地环境条件下栽培茄子对温度的要求。具体掌握上，进入严冬季节后，应本着上午比露地条件下茄子最适宜温度上限高3℃左右，把温度维持在25～35℃，阴天时维持在14～16℃，下午维持在20～28℃；上半夜维持在适宜夜温的上限16～20℃，下半夜维持在适宜夜温的下限10～14℃。

5. 为什么在严冬季节温室的温度应该比茄子需求的适温上限再高2～4℃？

这是因为：

（1）温室栽培进入寒冬后，白天土壤5厘米深处温度可比室内气温低 7～10℃，夜间比室内气温高 3～5℃，其温度变化范围在 13～23℃。一昼夜当中约有 20 小时左右的时间，土温低于 20℃，比茄子根系生长发育最适宜的土壤温度 23～34℃低 8～14℃。较低的土壤温度，不但不利于茄子根系的生长发育，导致生根量少，根系吸收能力差，生理活性低，而且还会引起多种生理性病害的发生，甚至于烂根、死根，引起植株死亡。

而较高的土壤温度，能促进茄子根系发育、增加生根量、提高根系活性、促进根系对水分和营养元素的吸收、转化和利用，从而促进茄子植株地上部分的生长发育、提高成品产量、品质之目的。

因此在温室栽培中，维持较高的土壤温度，创造适宜根系生长发育的环境条件尤为重要。土壤温度是依靠阳光辐射和空气的热量传递来提高温度的，一般情况下，阳光的辐射强度是相对稳定的，要提高土壤温度，最有效的方法就是提高温室内的空气温度来加热土温，才能较为显著地提高土壤温度，使土壤温度在较长时间内，稳定在根系发育所必需的适宜温度范围之内，减少和避免低土温对茄子植株的危害及生理性病害的发生。

所以说：提高温室内的空气温度，维持较高的土壤温度，是温室茄子栽培成功与否的最为关键的技术措施。

（2）植物生理研究结果表明，在一定的温度范围内，光合速率随温度的升高而升高。采用较高温度管理有利于提高茄子叶片的光合效能。

（3）光合速率随二氧化碳浓度的增加而增加，随二氧化碳浓度的增高，光合适温也会升高。温室栽培中，因大量的使用有机肥料，发酵分解释放出来的二氧化碳不受室外空气流动的影响，几乎全部留在设施内，其室内二氧化碳浓度显著高于室外，一般可维持在 800 厘米^3/米^3 左右。若再补施二氧化碳气肥，其浓度可高于 1 000 厘米^3/米^3。比自然条件下空气中的二氧化碳含量高 2～3 倍。空气中二氧化碳含量高，不但可显著提高茄子叶片的光合速率与光合适温，而且还会对光呼吸产生抑制作用，降低呼吸强度，减少呼吸消耗，从而提高了茄子呼吸作用与光合作用平衡点的温度，使室内茄子植株即便在较高温度条件下，也有更多的同化物质积累。

（4）温室栽培茄子，因覆盖地膜，土壤水分蒸发量大幅度减少，土壤水分供应充足，从而加速了茄子叶片的蒸腾作用，降低了叶片温度，其叶片温度，一般比空气温度低 3～5℃，即使空气温度明显高于光合适温 2～4℃时，其叶片温度仍处在光合作用的适宜温度范围之内。

（5）温室内，白天不同部位的空气温度与所处高度基本成正相关，特别是植株繁茂与架面较高时，由于叶幕层的遮阴作用，由生长点向地面测量，其温度下降梯度十分明显。一般地面温度可比生长点处的温度低 3～7℃，若茄子生长点处的温度在 34℃左右，那么植株主体叶幕层的温度恰在 27～32℃，处于茄子光合作用的最适宜温度范围内。

（6）适宜的高温可显著降低空气的相对湿度，抑制病害的发生。温室内的空气相对湿度，随温度变化而变化，在空气含水量相对稳定的情况下，其相对湿度随空气温度的增高而降低。而病害的发生又与空气湿度关系极为密切，绝大多数真菌性病害与细菌性病害，其发病条件都要求有较高的空气湿度和适宜的温度范围，若能把空气的相对湿度降至 70％左右时，大多数真菌类病害和细菌类病害都较难发生。

鉴于以上原因，并经大量的生产实践证明，进入严冬季节后，温室栽培茄子，在增施有机肥料与补充施用二氧化碳气肥的条件下，其温度管理，应根据茄子不同的生育阶段（物候期）所要求的最适宜温度范围的上限高 2～4℃进行调控。

同时也必须注意，温室内的生态环境气候条件，是随季节的变化而变化的，因此，对温室温度的调控还要根据不同的季节而有所不同。

早秋、晚春、初夏季节，因其室外气温较高，地温亦高，温室的通风量大，温室内与室外的生态条件差异不大，此时期温室温度的调控，应根据露地环境条件下，茄子所处的不同生育阶段所要求温度的适宜范围进行调控。随着季节的变化，外界气温、室内地温逐渐下降时，室内温度应逐渐增高，应按茄子生长发育各阶段所要求的适宜温度的上限、并高出2～4℃进行调控。外界气温、室内地温逐渐升高时，室内温度应逐渐降低，最终达到与室外温度基本相同或接近于室外温度。

6. 怎样做才能提高温室内的温度，有效预防冷害、冻害的发生?

在严寒季节，低温、特别是低夜温是温室生产的最不安全因素，是造成冷害、冻害，影响茄子生长发育的主要制约因素。如何增强茄子植株的抗寒、抗冻害性能，提高温室内的温度，维持适宜的昼夜温差，是茄子安全生产、获取高产高效的最基本条件。主要措施如下：

（1）建设一个外有保温保护层，内有完整的防寒沟、砖包复合孔穴墙体，内撑外压，结构合理，透光率高，增温快，保温性能良好的温室设施。

（2）提高茄子自身的抗逆性和自我保护能力，使茄子自身能够具有较强的抗寒、抗冻等抗逆性能。方法有：

①选用耐低温、抗逆能力强的品种。

②种子催芽时进行低温锻炼，提高幼苗对低温的适应能力。

③用天达2116灌根、涂茎、喷洒植株，提高茄子自身的抗冷冻、耐低温的能力。

天达2116是一种植物细胞膜稳态剂，它不但能促进发根，提高叶片的光合效应，具有极强的增产能力，而且它具有独特的生理作用，能启动作物自身的生命活力，最大限度地挖掘作物自身的生命潜力、生产能力和适应恶劣环境的能力，能显著增强茄子植株自身的抗旱、抗病、抗药害、抗酸雨、抗低温冷害的能力。众多的实际例证说明：天达2116对栽培茄子的低温、冻害及其他灾害的防御上，作用显著，效果明显。在温室使用效果更为显著。具体使用方法如下：首先在秧苗定植时，要用600倍壮苗型天达2116加3 000～6 000倍99%的天达恶霉灵药液灌根，每株100～150毫米。此后再用600倍天达2116加120倍红糖加300倍尿素加无公害防病用药液，细致喷布作物的茎叶、幼果。每10～15天喷1次，连续喷洒3～5次。

（3）起高垄畦栽培，冬季土壤温度低，需阳光辐射土壤表面，和室内热空气通过土壤表面传导加热来提高土壤温度。土壤表面积大小是影响土温高低的主要因素。若采用平畦栽培，土壤表面积小，受热面小，接受热量少，土温低，热土层薄。而起高垄畦栽培，可显著增大土壤表面积，土壤吸收热量多，增温快，土温高，热土层厚，蓄积热量多。土温高，不但有利于作物根系的发育、提高根系的活性、达到根深叶茂、生长健壮的目的，而且较高的土壤温度在夜间又能释放较多的热量，稳定夜间温度，减少冷害、冻害的发生。

（4）全面积覆盖地膜，地膜覆盖后，能显著提高土壤的温度（表4）和保水能力。

表4　地膜覆盖对土壤温度的影响（平均值）

项目 / 时间	土壤5厘米深处地温（℃）			土壤10厘米深处地温（℃）		
	覆盖	不覆盖	增值	覆盖	不覆盖	增值
8时	15.3	12.2	3.1	14.8	12.2	2.6
13时	27.2	23.8	3.4	24.3	21.9	2.4
17时	20.8	18.5	2.3	19.6	17.3	2.3

土壤全面积覆盖地膜后，抑制了土壤水分的蒸发，从而减少了温室热量的损耗，提高和稳定了温室温度。前人的研究结果证明，在25℃左右的条件下，土壤中每蒸发1千克水分，需从土

壤中吸收 432.5 千焦耳左右的热量。蒸发的水分还会在薄膜上凝结形成水珠或水膜，把热量通过薄膜传导到室外空气中去，造成热量大量损失。同时采光面上一旦形成水珠或水膜，会对光线产生折射，又会明显降低太阳光的入射率，降低室内光照强度，使作物的光合效能下降，并造成室内热量不足。

在一般情况下，一个 350 米^2 的温室，如不覆盖地膜，每天最少从土壤中蒸发水分 10～15 千克，可损失 24 325～36 487.5 千焦耳的热量。而这些热量，经测算可使该温室的空气温度提高或下降 7～10℃。因此，全面积覆盖地膜，抑制土壤水分蒸发，不但是降低室内空气湿度，减少病害发生的有效措施，而且还是提高室内温度，维持热量平衡，稳定室内温度、防止作物冻害的最有效措施之一。

覆盖地膜时，要做到行间、株间都全面积覆盖严密，不让土壤裸露，而且还要把操作走道、室内前沿全面积覆盖，把因土壤水分蒸发引起的热量损失，减少到最低限度。

（5）严密封闭，消除孔隙散热。造成温室孔隙的原因：第一是薄膜破碎，俗话讲：针尖大的孔洞，牛头大的风，薄膜孔洞在严寒的夜间，可因气体交换而损失掉大量的热量。第二是因压膜绳拉得不紧，造成薄膜呼扇。薄膜呼扇时能快速吸进冷空气、压缩排除室内热空气，引起室内快速降温。因此，必须把每根压膜绳拉紧、系结实，防止有风时，薄膜呼扇和拉开薄膜之间的压缝，引起内外空气快速交换，造成温室内急速降温。第三是墙体存有缝隙，门窗封闭不严。要注意把每个砖缝、孔隙处理严密，并要把门窗处理好，防止存有缝隙，形成空气对流，引起热量散失。

（6）提高不透明覆盖物的保温质量。在夜晚，室内热量可以通过红外线辐射与薄膜的传导，使室内热量大量损失，如果不用不透明保温层覆盖，加以保护，则室内温度可下降至 0℃、甚至更低。目前，最常用的不透明保温层有草苫、防水纸被等。用草苫覆盖，要注意选择厚度达5厘米左右、编织密度紧密，缝隙极少的稻草苫。否则，如果草苫编织不紧密，显露缝隙，覆盖温室后，夜晚室内热量，可以红外线的形式，通过草苫存留的大量缝隙，辐射传递于室外，使室内温度快速下降，难以保住温度。

用草苫覆盖，遇到雨雪天气，草苫吸水之后，变得非常沉重，既降低了保温效果，又给操作者带来了困难。因此用草苫覆盖，草苫外面还须加盖一层塑料薄膜，这样做，既能防止雨水、雪水打湿草苫，又提高了保温效果，可比单用草苫覆盖，提高温度2～3℃。

防水纸被是比草苫更为优良的保温覆盖材料，它是用3层防水牛皮纸，内夹一层瓦棱纸制成，其内中夹有一层不流通的空气，导热系数极低，并且防辐射传热，用其覆盖，其保温效果可比用草苫覆盖提高室温5℃左右。

（7）点火加温。温室内栽培作物，如果遇到强寒流袭击，室内夜间温度低于6℃时，则需进行室内点火加温，最好的加温方法是在设施内点燃沼气，每60～100米^{2}设一个沼气炉，通入沼气，并点燃使设施增温。

用沼气加温不但能够提高设施内的温度，而且还可以增加设施内空气中的二氧化碳的浓度，能大幅度地提高作物的光合效率与产量。

如果没有沼气设备，可在傍晚采用炉火加温。用旧铁桶，打掉桶底，配上炉条，在桶内燃烧干树枝（木柴）。注意用炉火加温，其烟气当中含有少量的一氧化碳等有害气体，为避免有害气体超量，危害作物及高温烘烤植株，操作时，需人工挑着炉子，在温室的操作道上走动燃烧，燃烧的时间不可超过30分钟，而且必须明火、足氧、充分燃烧，以防止有害气体超量，危害作物。

温室内适量、适时燃烧干木柴，不但能随即提高室内温度2～3℃，而且燃烧后产生的二氧化碳，具有温室效应，能减缓室内温度的下降，可使清晨时室内的最低温度提高2～3℃，翌日白天作物见光时，二氧化碳是光合作用的主要原料，有利于增强叶片的光合作用，促进产量、品质的提高。

（8）尽力提高白天室内温度，进入严冬季节以后，只要室内温度不高于作物适宜温度的上限3℃，白天就要严禁通风，使温度维持并稳定在较高的范围内，用高气温提高土壤温度，以高土壤温度稳定夜间室内温度，预防低温危害。

（9）在温室的墙体外面增设保温层，方法如下：用普通农膜，或用温室换下的旧薄膜，经裁截加工成膜宽3米左右、膜长为温室长度加2个山墙长度。后将薄膜两端用熨斗加热，黏结成10厘米左右的缝筒，各插入3米长的毛竹，将其拉开、拉紧包住后墙与山墙。两端的毛竹，下头扎入地面泥土中，入土深30厘米以上，上头以铁丝缠系，固定于山墙外沿处，薄膜底部边缘埋于墙外土内。然后在墙与薄膜之间的缝隙内填满碎草，厚度30厘米左右，再用泥土把薄膜上部边缘埋压于温室后坡上。

如此处理后，温室墙体外面有一层良好的保温层，墙体热量不再向外散发，夜晚寒冷时，墙体热量只向室内释放，可显著提高温室内的夜间温度，比不设保温层的温室夜间温度提高3～5℃。对稳定严寒时期的夜温，效果十分显著。

7. 节能日光温室栽培茄子应该怎样进行通风？

温室栽培茄子，通风应根据茄子的生育特性、生育状况、温室的生态特点、栽培季节和天气状况灵活掌握，通风时间长短、开口大小应依照室内温度、湿度高低而定。在严寒季节晴朗天气时，下午14时之前室温应维持在32～35℃，室内温度达不到35℃不进行通风，达到35℃并继续上升时方可开口通风。通风口大小，应使室内温度稳定在35℃，不再上升亦不能下降为准，通风应坚持清晨和夜间通风，初通风时绝不可猛然开大风口，以免引起室内温度快速下降，造成闪苗现象发生。下午14时左右逐渐加大风口降温，通过调整风口大小，傍晚落日时使室内温度维持在16～17℃；夜晚上半夜维持在16～18℃，下半夜维持在12～14℃，最低温度不低于10℃。在此条件下，可坚持整夜通风，直至翌日清晨8：30左右结束。阴天时白天温度维持在14～18℃，夜温不低于10℃为好。室内湿度高时，通风时间可适当长些，温度可适当低点。夏秋季节，室外气温高，土壤温度高时，可适当加大通气量，延长通风时间，使之白天温度不得高于32℃。要特别注意加大夜间通风量，降低室内温度和湿度，使夜温不得高于20℃，不低于10℃。

8. 什么是闪秧现象？应该怎样避免闪秧现象发生？

所谓闪秧是指作物在高温和较高湿度的环境条件下，突然开启大口通风，大量的干冷空气快速进入设施内，使室内环境条件骤然突变，作物不能适应，会引起生长点萎蔫，植株上部叶片失水干枯，严重时，还会造成大量的死秧现象发生，这种现象称为闪秧。开底风口通风，闪秧现象更容易发生。

特别需要注意的是通风时，不能开启底口通风。应先小开顶风口，后根据室内温度状况，逐步缓缓地加大风口，或开启下风口，就可以避免发生闪秧现象。

9. 怎样调控设施内的空气相对湿度？

茄子生长发育所需要的空气湿度为50%～60%，在适宜的湿度范围内，茄子生长发育良好，湿度过低，土壤干旱，植株易失水萎蔫；湿度过高，植株易旺长，并易诱发多种病害。

温室因其封闭严密，室内空气湿度，一般可比室外露地条件下高20%以上。特别是灌水以后，如不注意通风排湿，往往连续3～5天，室内空气湿度都在95%以上，极易诱发真菌、细菌等菌类病害，并且易迅速蔓延，造成重大损失。因此，及时适宜的调控、降低设施内的空气湿度，是温室蔬菜栽培中，必须时刻注意的最为重要的技术措施。具体操作方法如下：

（1）全面积覆盖地膜。覆膜后，土壤水分蒸发受到抑制，其空气的相对湿度一般比不覆盖的下降10%～15%。

（2）科学通风排湿，增大昼夜温差。空气相对湿度，在其绝对含水量不变的情况下，随温度的升高而降低，随温度的下降而升高。根据这一规律，温室栽培茄子白天应高温管理，只要温度不超过适温范围的上限，无须通风，通过高温降低空气湿度。如果温度达到33℃并继续上升时方可开启风口。注意风口不可猛然开大，以免闪苗现象发生。开口大小以室内温度不上升、不下降为度，决不能开大风口，引起温度急速下降，造成茄子生理性障碍和闪苗现象发生。

通风要在傍晚、清晨、夜间进行，一般14时左右，拉开或逐渐加大风口，通风排湿，开口大小以落日时室内温度降至16℃为恰到好处。如果天气寒冷，可缩短通风时间，适时关闭风口，温度维持在落日时不低于16℃，放苫后温度达到17～18℃为宜。夜间22点时再在草苫下面拉开风口，只要清晨室内温度不低于12℃，风口尽量开大，一直通风至上午8时左右。如果清晨温度低于12℃、高于10℃，可适当缩小风口，维持温度不再下降，若温度继续下降，可关闭风口，待清晨拉揭草苫时，同时拉开风口，通风排湿，30～45分钟后，关闭风口，快速提温。

这样做既可有效地降低室内的空气相对湿度，又能使夜间温度维持在10～18℃的范围之内，扩大了昼夜温差。而且，较低的夜温，既可减少营养物质的消耗，增加养分积累，又能缩短和避开多种病菌侵染发展的高湿、适温阶段，可显著减少病害的发生。

通风，还应结合室内湿度与作物的生育状况灵活掌握，如果设施内空气相对湿度高于80%时，且作物已经发病，则应以通风、降湿为主要目标。只要室温不低于茄子适温下限，可尽量加大通风量，快速降湿，以低湿度和较低温度抑制病害的发生。如果室内相对湿度在70%左右，作物又无病害发生，则可适量通风，使温度维持在茄子适温范围的上限33℃，以便提高地温，促进发根、以根壮秧和增强光合作用。

（3）科学灌水。水是生命之基础，是光合作用的最基本原料。茄子缺水，轻者萎蔫，重者枯死。但是灌水必须科学合理的进行，决不能因为浇灌引起室内空气相对湿度增高，诱发病害发生。浇水最好采用渗灌或滴灌，若实行漫灌必须在地膜下暗灌，小水勤浇，并在晴天清晨开启风口时进行。

（4）让无滴膜上的流水流到温室外面去。方法如下：安装温室底膜时，以细铁丝，从每根骨架的腹面，用∩形绑缚方式，把串入底膜上缘缝筒中的钢丝固定于骨架上，固定后的钢丝要低于所处部位骨架外缘0.3厘米左右，这样做可使主膜与底膜之间的重叠处留有缝隙，主膜上的流水可以从缝隙中流向室外。从而降低室内湿度。

（5）操作行覆草，覆草能吸收空气中的水蒸气，降低空气相对湿度。同时覆草还可减轻人员进行操作时对土壤的压力，防止土壤板结，保持土壤疏松透气。而且覆草吸水后发酵，能释放热量和二氧化碳，提高和稳定室内温度，增强光合作用，达到一石三鸟之功效。

10. 节能日光温室茄子栽培，应该怎样进行浇水？

温室栽培茄子，因其封闭严密，室内空气相对湿度一般可比室外露地条件下高20%以上。特别是灌水以后，如不注意通风排湿，往往连续3～5天，室内空气相对湿度都在95%以上，极易诱发真菌、细菌等菌类病害，并且易迅速蔓延，造成重大损失。因此，科学灌溉、降低设施内的空气相对湿度，是温室茄子栽培中，必须时刻注意的最为重要的技术措施，要科学灌溉必须注意做到以下几点。

第一，不得用明渠、明水灌溉，应采用膜下暗灌或渗灌，最大限度地减少蒸发量，并要小水量灌溉，防止浇水量多引起肥水浪费、土壤板结、地温大幅度下降，引起室内空气相对湿度增高，诱发病害。小水暗灌不浪费肥水，具有不板结土壤、不破坏土体结构，土壤空隙度高，供水均匀，土温变化小，有利于植物根系生长发育等优点。并且膜下暗灌能显著减少土壤水分蒸发和热量散失，降低温室内空气相对湿度，有利于防止植物病害发生。

第二，要根据天气情况浇水。温室浇水必须在晴天清晨（6～9时）进行，最迟要在上午10时以前结束。阴天和下午决不能浇水，因为晴天可以提高室温，能够尽快蒸发掉地表残留水分，清晨地温最低，浇水后不会降低地温，清晨可开启通风口，利于排湿，并可在中午前后开启大口通风，降低室内空气相对湿度，不会因浇水使室内空气相对湿度提高而诱发病害。而在阴天或下午浇水，浇水后不能开大口通风，室内湿度增大，必然诱发病害。

第三，要用井水灌溉，冬季除井水外，其他水温度都在0～4℃，这样的水，浇灌作物，会引起地温急剧下降，伤害作物根系，甚至引起冷害现象发生。而井水温度稳定，即便在严冬季节，其温度仍可达到16℃左右。用这种水在清晨浇灌作物，不会引起地温下降。

第四，根据温室内作物生长发育规律与需水特点供水，茄子苗期应适当控制浇水，避免幼苗徒长，影响花芽分化。坐果后，应加强供水，促进果实膨大，提高产量。

第五，要根据茄子长势决定是否浇水。茄子在不同的水分条件下其长势表现不同，水分充足时，生长点嫩绿，缺水时，则生长点叶片小，叶色浓绿，颜色深于下部叶片。因此一旦发生缺水现象就应尽快浇水。

第六，浇水之前，应先细致喷洒天达2116和防病药液，提高作物抗性，保护作物叶片、茎蔓、果实，以防灌水后，湿度提高而诱发病害。

第七，浇水要做到三看，即看秧、看地、看天气决定是否浇水。

①看秧苗。秧苗生长点叶色嫩绿，叶色浅于下部叶片，表明水分充足；生长点叶色黑绿或浓绿，明显深于下部叶片，表明是缺水。

②看地。茄子一般要求土壤湿度达到85%左右，地表不能出现积水涝渍，因而对其浇水应小水勤浇，只要用手抓土不成湿团，掉地散块就需浇水，否则会影响结果。土质不同，浇水也应不同，沙质土不保肥、不保水，浇水量应小，间隔时间应短；黏质土、壤土保肥保水能力强，水量可稍大些，间隔时间可长些。

③看天。浇水必须选晴天清晨进行，力争在上午9时之前结束。下午阴天决不可浇水，否则会引起地温下降并诱发病害。具体掌握应注意：结果后每10天左右浇水1次，冬至到立春可适当控制浇水，15～20天1次，若遇连阴天，可适当延长到20天以上不浇水。惊蛰之后天气回暖，浇水应逐渐增多，由7天左右1次增加到5天左右1次；谷雨后可增加到3天左右1次，水量也应增大至浇满沟水。浇水后应于10时左右关闭风口，提高温度达33℃以上，35℃以下，加速地表残留水分蒸发，13时左右开口通风，排除湿气，降低室内相对湿度，以防止诱发病害。

第八，有条件时应实行渗灌。畦灌与沟灌都会排除土壤中的氧气，使土壤板结，土壤水气比例失调，引起作物根系缺氧，不利于根系发育。而渗灌是利用土壤的毛管作用从土壤底部水层中吸收水分，细毛管吸水，粗毛管不吸水，仍有适量空气存留，土壤中既不缺水，又不缺氧，水气比例恰好处于最适宜茄子根系需求的状态下，利于茄子根系的生长发育。因此温室内栽培茄子最好实行渗灌。

11. 怎样才能避免温室采光面滴水现象的发生？

发生滴水现象，一是因为选用的无滴薄膜质量差，蒸发的水分在薄膜内表面上，不是以水膜的方式流下去，而是形成水珠滴了下去；二是因为薄膜上的膜状水向下流动时，遇到了铁丝等建设材料的阻挡，形成水滴，不断地滴下来。设施一旦发生滴水现象，就会提高设施内空气湿度，为病菌侵染发育提供适宜条件。水滴到了作物叶片上，叶片上会形成水膜，直接为病菌的侵染、发育创造了最为有利的环境条件，会快速引起病害的发生。

要避免滴水发生，一是要选用无滴质量好的薄膜进行覆盖；二是要把一立一斜式的温室采光面，改建成抛物线形（弧形）采光面，避免采用竹竿压膜时，棚膜直接与采光面的铁丝接触，引起大量滴水现象发生；三是架设棚膜竿时，要在铁丝与棚膜竿之间，设置上一个3～5厘米高的木段或竹段（图9），使棚膜竿高于铁丝8厘米以上，这样，压膜绳压膜时，薄膜不会接触铁丝，水膜不受阻挡，形不成水滴。而且如此处理后，采光面薄膜会被压成波浪形，增强了抗风、抗压能力，增大了采光面积，室内光照进一步改善，利于作物的光合作用。

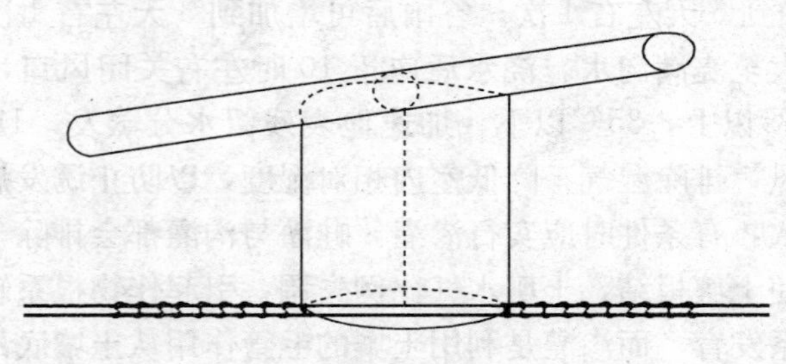

图9　绑缚桐木垫示意

12. 为什么温室前缘的土壤总是湿的？如何避免前沿土壤潮湿现象的发生？

前沿土壤潮湿，是因为采光面无滴膜上流下来的水没有排除室外，在前沿土壤中累积引起的。前沿土壤潮湿，必然会提高前部的空气湿度，所以病害总是在前沿作物上最先发生。

避免前沿土壤潮湿的方法如下：温室扣膜之前，先要在棚膜的内沿设置防寒沟，沟内的填草要高于温室地面10厘米以上，使之成高垄形，草上覆盖地膜，后在防寒沟草垄地膜的南沿再次覆盖5厘米厚的碎草，然后扣膜。这样，薄膜流下来的水会从薄膜与地膜之间的覆草层内流入防寒沟中，不再流入前沿土壤中，既避免了前沿土壤过于潮湿现象的发生，减少了发病；又可以让防寒沟内的碎草，吸水后发酵腐烂、释放热量提高土温，释放二氧化碳，为光合作用提供原料。

13. 温室栽培中有害气体是怎样产生的？对茄子有什么危害？怎样防止其危害茄子？

在温室栽培中，由于设施密闭，内外空气对流交换少或很少交换，设施内产生的有害气体容易累积，不易排除。经常产生的有害气体有氨气（NH_3）、亚硝酸气体（NO_2），其中氨气最易发生。如果在设施内采用燃烧的方法增温，还容易产生一氧化碳（CO）、二氧化硫（SO_2）等有害气体。使用了有毒薄膜或有毒塑料管还会产生氯气（Cl_2）。以上各种气体在设施内的空气中存有，达到较少的含量就会对茄子造成危害。

氨气（NH_3）主要来自土壤中速效氮肥的分解，如尿素、磷酸二铵、碳酸氢铵、硫酸铵等，这类肥料遇到高温环境，就会分解挥发，产生氨气，特别是在温室内采用不适当的施肥方式（点施、撒施）追施此类肥料时，极易引起氨气挥发，提高空气中的氨气含量。氨气还来自土壤中未经腐熟的粪肥，如鸡粪、猪粪、牛马粪、饼肥等。这些肥料如果未经充分腐熟，施入土壤中后，经微生物分解发酵，也会释放氨气。当空气中氨气浓度达到5毫升/升时，茄子就会受到危害，开始时，叶缘组织变褐色，后逐渐转变成白色，或叶肉组织出现褐色半透明坏死斑，严重时，叶片枯死。若氨气浓度达到40毫升/升时，茄子会受到更为严重的危害，甚至使整株死亡或全部死亡。

亚硝酸气体（NO_2）来自土壤中氮肥的硝化反应，氮肥施入土壤中后，经过微生物的硝化作用，产生亚硝酸气体。温室内如果施用了过多的速效氮肥，极易产生亚硝酸气体，当空气中亚硝酸气体浓度达到2毫升/升时，茄子就会受到危害，开始表现为叶片失绿，产生白色斑点，严重时，叶脉变白，叶片枯死，甚至于全株死亡。

氯气（Cl_2）主要来源于有毒塑料薄膜或有毒塑料管等。氯气由茄子叶片的气孔进入叶肉组织，破坏叶绿素和叶肉组织，开始时，叶缘变白、干枯，严重时整个叶片死亡。

一氧化碳（CO）、二氧化硫（SO_2）来源于在温室中加热增温时煤炭或柴草的燃烧。

为了预防有害气体危害茄子，必须做好以下几项工作：

①注意通风换气，及时更新设施内空气。只要室温不是很低，天天都要开启风口，每天最少通气50分钟以上。因为土壤肥料的氨化和硝化反应，总要不断地释放氨气（NH_3）和亚硝酸气体（NO_2），我们必须通风加以排除，以免其含量超标，危害茄子。通风以清晨或夜间最好，可以兼排室内的水蒸气，降低设施内空气湿度，利于防治病害发生。如果室外温度过低，通风会引起室内温度急速下降时，则应适当减少通风，但绝不允许不通风，可每2天左右通一次风，改清晨、夜晚通风为午后通风，时间可以少于30分钟。

②严禁在设施内撒施或穴施速效氮肥，如尿素、碳酸氢铵、硫酸铵、磷酸二铵等化肥，这类肥料施入土壤中后，如果不能及时被土壤溶液溶解吸收，易挥发氨气，危害茄子。因此应尽量减少使用，如果必须追施时，要结合浇水进行，事先把肥料溶解成水溶液，随水冲施，以防氨气挥发，危害茄子。

③施用有机肥料时要充分发酵腐熟，特别要注意不可在设施内盲目地、大量地施用鸡粪，鸡粪的含氮量高达1.63%，在设施内每使用500千克鸡粪就相当于施用了50千克碳酸氢铵。每

667 米^2 温室，一次性施用鸡粪量不可超过 3 000 千克，否则，即便是腐熟的鸡粪也极容易发生氨气和亚硝酸气体，危害茄子。

施用鸡粪时，最好事先掺加麦草或其他的碎草充分腐熟，通过发酵让碎草吸收鸡粪中的氮素。这样做既可大大减少鸡粪中氨气的挥发，减少浪费，施入土壤后，又能防止氨气危害发生。施肥操作时，还要严格实行撒肥、翻掘、覆土、浇水、覆膜同步进行，并要在晴天上午、开启风口时进行操作，严防室内氨气积累和提高室内空气湿度。

④注意薄膜质量，严防使用有毒的塑料薄膜覆盖温室。以免覆盖后释放氯气（Cl_2）危害茄子。

⑤室内点火增温时，必须明火充分燃烧，严格控制燃烧时间，防止一氧化碳、二氧化硫等有害气体超标，危害茄子。

14. 雪天温室是否需要拉揭草苫?

下雪天气温室一定要适时拉揭草苫。

（1）坚持连阴雪天揭盖草苫。下雪连阴天虽然白天光照较弱，气温低，但仍需揭开草苫，让蔬菜短时间照射散射光，使茄子能够进行光合作用，以维持缓慢生长发育的需要。

同时及时扫雪，防止温室坍塌。雪停后要及时扫除草苫上的积雪，在天气转晴后可以利用中午气温较高回苫的机会晾晒草苫，减轻湿苫对温室骨架的压力，防止温室坍塌事件发生。另外，对一些跨度大、立柱少、骨架牢固性差的温室要及时增加立柱，防患于未然。

（2）雪后猛晴要注意回苫。在持续阴雪天多日，一旦暴晴，揭开草苫后，室温会很快升高，蔬菜叶片蒸腾量突然增大，而地温低，根系活动能力还很弱，蒸腾水分得不到补充，叶片很快就会出现萎蔫，如不及时采取措施，则会由暂时萎蔫进一步发展到永久萎蔫，最终枯死。所以连阴雪天后暴晴必须注意观察，发现萎蔫，立即放下草苫，恢复后再揭开，经过几次反复，不再萎蔫后再全部揭开草苫。

（3）雪后放晴还要注意温室的夜间保温。雪后放晴夜间天空没有云层覆盖，地面热量大量向外辐射散失急速降温。如果温室自身的保温性差，温度也会随外界气温的下降而快速降低，甚至会出现0℃左右的低温使茄子出现冷害甚至冻害。防止办法：一是提前于日落前放下草苫尽量多贮存些热量；二是增加覆盖层数减少热量散失；三是临时加温驱散寒气。

（三）温室施肥技术与土壤盐渍化的预防

1. 温室栽培茄子土壤施肥与露地环境条件下的土壤施肥有什么不同?

温室栽培中的土壤施肥，不同于露地环境条件下的土壤施肥。

首先，施肥的作用、目的都发生了明显的变化，露地条件下的土壤施肥是以供给作物对各种肥料元素的需求为主要目标，而温室栽培中的土壤施肥，除以上目标外，还担负着供给作物光合作用的主要原料——二氧化碳的任务。因为温室内空气中的二氧化碳难以从空气流通中得到补充，二氧化碳是否充足，成为制约设施内作物产量高低的首要因素。而肥料元素是否充足、配置比例是否合理，虽然仍是制约作物产量的重要因素，但是和温室中的二氧化碳含量相比，已经不是最主要的了。所以在温室栽培中土壤施肥不但要满足作物对各种肥料元素的需求，更重要的是满足作物光合作用对二氧化碳的需求。

第二，随着施肥目标的改变，施用肥料的种类必然随着改变。在露地条件下，有机肥料与各种速效化肥相比，肥效明显逊色。而在设施栽培中，不管是哪种速效化肥，都不能满足作物对二氧化碳的需求，而有机肥料施入土壤中后，经土壤微生物分解，却能源源不断地释放二氧化碳，因此有机肥料成为温室栽培用肥的首选和必须。不论是基肥还是追肥都应施用有机肥料，以便满足茄子对二氧化碳的需求。而各种速效化肥、特别是速效氮肥，只能适当配合有机肥料施用，且施用量必须严格控制，决不能施用过多，以免引起土壤盐渍化和发生氨害。

第三，施用方法不同。特别是茄子栽种以后，不管是追施有机肥料还是追施化肥，都必须选择晴天清晨进行，做到撒肥、掘翻、浇水、覆膜同步进行，而且操作的同时还须开启通风口。严禁阴天、下午进行追肥操作。否则追肥操作过程中挥发的氨气、水蒸气不能及时排除，会严重危害茄子，室内湿度过高还可能诱发病害。追施速效化肥，还须事先溶解成水溶液，随水冲施，以便防止氮素不能及时被土壤溶液吸收，而挥发氨气。

2. 目前温室的施肥操作上，存在着哪些错误或不适当的做法?

目前在节能温室的施肥操作上，普遍存在着以下错误的做法：

一是化肥的施用量过多，有机肥的施用量偏少。这种现象极为普遍，多数菜农仍在沿用露天的管理技术管理温室蔬菜。他们没能认识到温室内栽培蔬菜作物，生态环境发生了变化，制约产量高低的主要因素，已由肥料的科学施用，转化为温室温度是否合理，室内空气中二氧化碳含量是否充足。化肥对于这二者是不起作用的，而有机肥料不但能为茄子提供各种肥料元素，更重要的是它能源源不断地释放二氧化碳、提高土壤温度。所以在温室内栽培蔬菜，必须以施用有机肥料为主。

二是盲目地增大施肥量，尤其是氮肥施用量过多。甚至有的技术人员在制定技术方案时，竟强调每 667 米^2 温室施用 10 米^3 鸡粪加 100 千克磷酸二铵加 100 千克尿素加 100 千克饼肥。部分菜农施肥时，还超过了这个施用量。

这是个什么样的施用量？第一，鲜鸡粪的含氮量为1.63%，干鸡粪的含量要更高，10米^{3}鸡粪中，共含有纯氮160千克左右，再加上磷酸二铵、尿素的含氮量，其施用纯氮量超过200千克，坐果以后还要不断地追施速效氮肥，纯氮施用量可达到220千克左右，折合碳酸氢铵1 300千克，等于每667米^{2}施碳酸氢铵26袋！

第二，蔬菜地、特别是老菜地，因其常年施肥量大，次数多，土壤的含氮量普遍较高，化验测知，其全氮（N）量一般在0.1%左右，碱解氮（N）150～200毫克/千克。25厘米深的耕作层中，每667米^{2}可含有全氮量167千克，速效氮可达到33千克左右，是茄子实际吸收氮素肥料量的十几倍。

这样大的施肥量，不仅大幅度地提高了生产成本，造成了大量的浪费；更为严重的是它会挥发大量氨气，造成氨害烧叶，引起叶片干边出现褐斑，甚至造成叶片干枯。而且它极大地提高了土壤溶液浓度，碱化了土壤，作物定植后，轻者迟迟不发根，表现为叶片小、叶色浓深、生育迟缓，生长发育不整齐，断续死苗，缺苗断垄；严重时，会引起烧根、烧叶、甚至大量死苗现象。

此外土壤含氮过高，不但会污染土壤、污染茄子产品，引起作物旺长、推迟结果，还会发生拮抗作用，影响茄子对钾肥、钙肥、镁肥等肥料元素的吸收，诱发各种生理性病害。

第三，追肥操作时不开启通风口，或是不能严格执行撒肥、翻掘、浇水、覆膜同步进行的技术规程，往往是先把整个或大部分的肥料撒上，后再去掘翻、浇水、覆膜。这样做的结果必然造成温室内氨气浓度过高，危害植株，轻者叶片边缘及叶尖干枯，中等受害者部分叶片干枯，严重者可使植株萎蔫死亡；同时还会造成室内湿度过大，引起病害的发生与蔓延。

第四，虽然基肥注意了施用有机肥料，但是追肥仍习惯以速效化肥为主。化肥只能提供几种有限的肥料元素，它不能解决二氧化碳供应问题，一旦室内二氧化碳缺乏，光合效率下降，那么速效化肥追施的再多，也是毫无意义的。反而，速效化肥追施的偏多，特别是氮素化肥施用量偏多，会提高作物产品中硝酸盐、亚硝酸盐的含量，使蔬菜产品成为对人有害的致癌产品，而不可食用。

温室茄子栽培，只有坚持以有机肥料为主，并且经常地追施有机肥料，才能为作物提供最全面的肥料供应；不断地满足作物光合作用对二氧化碳的需求；避免作物缺素症等生理性病害的发生；避免土壤盐渍化。增施有机肥是既经济又能增产增收的最佳途径。

3. 温室栽培茄子，基肥使用量为什么不宜太多?

首先，温室是封闭性设施，室内有害气体不易排除，如果基肥使用量偏多，挥发的氨气多，室内茄子就要遭受氨气危害，使叶片干边或出现枯斑，严重时会引起叶片枯萎，直至死棵现象发生，造成缺苗断垄。

第二，茄子在进入开花结果期以前，其吸肥量仅为全生育期吸肥总量的 1/6 左右，此时期土壤肥料不宜多，多了易引起幼苗旺长，影响花芽分化，延迟结果时期。

第三，温室栽培茄子，因施肥量较大，一般情况下土壤中各种营养元素并不缺少，缺少的是二氧化碳。而茄子对二氧化碳的需求量在幼苗期需用量很少，它是随着植株的生长发育、叶片数量增加逐渐增多的，特别是进入结果盛期后，对二氧化碳的需求量达到高峰。严冬季节温室通气量有限，室内的二氧化碳主要来自土壤中有机肥料的分解释放，有机肥料施入土壤后，其二氧化碳释放盛期在施肥后 10～40 天。大量的施用基肥，不但会引起烧苗现象发生，而且释放的二氧化碳因作物生育前期用量很少，绝大多数都白白浪费掉了。进入结果期后，植株光合作用需要的二氧化碳增多了，反而因此时期土壤中二氧化碳释放盛期已经过了，二氧化碳供应不足，制约了光合作用的进行，影响了产量的提高。

因此基肥使用量不宜过多，应把大量的有机肥料在开花结果后分期陆续追施，以便源源不断地为茄子光合作用提高足量的原料——二氧化碳。

4. 温室栽培茄子，增施有机肥料有什么好处？怎样施用有机肥料？

首先，有机肥料施入土壤以后，经土壤微生物的作用会转化成腐殖质，腐殖质进一步分解，不但可释放出氮（N）、磷（P）、钾（K）、钙（Ca）、镁（Mg）、硫（S）、硼（B）、铁（Fe）、锌（Zn）、铜（Cu）等肥料元素，供作物不断地吸收利用，而且有机质分解过程中还能不断地释放出大量的二氧化碳和水分。释放的二氧化碳不会被风吹走，全部成为光合作用的原料。因此，在温室内增施有机肥料，可有效地解决设施内栽培作物二氧化碳气体缺乏的问题，使温室内二氧化碳的含量大大高于露天条件下空气中二氧化碳含量，能大幅度地提高室内茄子的光合生产率和产量。

第二，增施有机肥料，可以显著提高土壤有机质含量。有机质在土壤中，经土壤微生物的作用转变成为腐殖质（即胡敏酸、富里酸和胡敏素）。土壤中的腐殖质含量虽少，但对土壤性状和植物的生长状况影响是多方面的：

（1）它能够改善土壤的理化性状。促进团粒结构的生成，增加土壤的孔隙度，调节土壤的水气比例，使土壤的三相（固相、液相、气相）比例和理化性状更趋合理，从而提高了土壤的保水、保肥能力，改善了土壤的通气性能，促进土壤微生物的活动，并使土性变暖。

（2）它能不断地分解释放二氧化碳和氮、磷、钾、钙、镁、硫等矿质元素，除满足植物光合作用、生长发育对二氧化碳和矿质元素的需求外，还能刺激根系的生长发育，促进扎根，根系发达。

(3) 它在土壤中呈有机胶体状，带有负电荷，能吸附阳离子，如 NHR^{+}、K^{+}、Ca^{2+} 等，提高土壤保肥能力。

(4) 它具有缓冲性，能够调节土壤的酸碱度 (pH)。土壤溶液处于酸性时，溶液中的氢离子 (H^{+}) 可与土壤胶体上所吸附的盐基离子进行交换，从而降低了土壤溶液的酸度；当土壤溶液处于碱性时，溶液中氢氧根离子 (OH^{-}) 又可与胶体上吸附的氢离子 (H^{+}) 结合生成水 (H_2O)，降低土壤溶液的碱度。因此在盐碱性土壤中，增施有机肥料，是改良盐碱地的最有效途径之一。

有机肥料有多种多样，人、畜、禽粪便、作物秸秆、杂草树叶、各种饼肥、沼气液渣、酒糟、醋糟等，都是良好的有机肥料。

在温室内施用基肥时，每 667 米^2 土地可用 2～3 米^3 的畜禽粪加 200 千克有机生物菌肥或饼肥，结合整地施入土壤内。

也可以结合整地，翻压切碎的植物秸秆、树叶等，每 667 米^2 可翻压 500 千克左右或鲜草 1 500 千克左右。为防止秸草发酵分解时夺取土壤中的氮元素，每 50 千克干草中，可掺加 3～5 千克碳酸氢铵，翻压后，灌透水，地面见干时再整畦。

追肥也应追施有机肥料，一般在门茄坐稳至迅速膨大期开始，在操作行中追施，每 30～40 天轮施 1 次，特别是冬至前半月左右，气温、地温都将进入最寒冷时期，为提高地温和保障二氧化碳的供应，一定要在操作行中追施有机肥料，每 667 米^2 追施腐熟粪干 200～250 千克或腐熟粪稀 2 500～3 000 千克。

追肥也可以结合浇水进行，每次、每沟冲施腐熟畜禽粪 3～5 千克或腐熟饼肥 1.0～1.5 千克，每 10～20 天 1 次。

5. 温室栽培茄子，为什么需要施用二氧化碳气体肥料？怎样施用？

科学研究发现，任何绿色植物都是通过光合作用生产有机物质的，光合作用的主要原料是水和二氧化碳，二者缺一不可。露地栽培时，二氧化碳由空气供给，大气层是无限的，空气是流动的，二氧化碳可以随时得到补充，取之不尽、用之不竭，永远不会缺少。但是，在温室中栽培作物，生态环境是密闭的，设施内外空气流通受到了严格的限制，室内空气中的二氧化碳消耗后，不可能通过大量通气得到及时补充。二氧化碳一旦缺少，光合作用就会因缺少原料而受到抑制。所以必须采用人工措施补充二氧化碳，满足茄子叶片光合作用对原料的需求。

事物总是具有两面性的，生态环境密闭使人工补充二氧化碳的措施得以实施，增施的二氧化碳气体肥料，不受空气对流的影响，可以全部留在设施内，使设施内的二氧化碳浓度比露天条件下空气中的含量高2～3倍，达到1 000毫升/升左右。较高浓度的二氧化碳含量可以显著促进作物的光合作用。众多的实践验证，设施内增施二氧化碳气肥，可以增产30%～40%。所以温室栽培茄子必须增施二氧化碳气体肥料。

增施CO_2气体肥料的方法有多种，易于推广的有以下几种。

(1) 室内燃烧沼气法。在室内地下建设沼气池，按要求比例填入畜禽粪便与水发酵生产沼气，通过塑料管道，输送给沼气炉，点燃燃烧，生产二氧化碳气体。

(2) 硫酸—碳酸氢铵反应法。在设施内每40～50米^{2}挂一个塑料桶，悬挂高度，与茄子的生长点相平，先在桶内装入3.0～3.5千克清水，再徐徐加入1.5～2.0千克浓硫酸，配成30%左右的稀硫酸，以后每天早晨，拉揭草苫后半小时左右，在每个装有稀硫酸的桶内，轻轻放入200～400克碳酸氢铵，晴天与盛果期多放，多云天与其他生长阶段可少放，阴天不放。

碳酸氢铵要先装入小塑料袋中，向酸液中投放之前要在小袋底部，用铁丝扎3～4个小孔，以便让酸液进入袋内，与碳酸氢铵发生反应，释放二氧化碳。

应特别注意以下几点：

第一，必须将硫酸徐徐倒入清水中，严禁把清水倒入硫酸中！以免酸液飞溅，烧伤茄子与操作人员。

第二，向桶内投放碳酸氢铵时，要轻轻放入，切记不可溅飞酸液。

第三，反应完毕的余液，是硫酸铵水溶液，可加入 10 倍以上的清水，用于其他作物追肥之用，切不可乱倒，以免浪费和烧伤作物。

（3）安装二氧化碳发生器，其原理同上。

（4）点火法。每天上午 8～10 时，用无底的薄铁皮炉子，点燃碎干树枝（木柴），燃烧释放二氧化碳。

点火法，不但可生产二氧化碳，而且可提高室内温度，降低空气湿度，只要操作正确，增产增收效果显著。操作时，一般每天可点燃 2 次，一次在傍晚盖苫后点燃，一次在拉开草苫后 1 小时左右点燃。傍晚点燃，燃烧释放的二氧化碳，具有温室效应，可显著减少室内的热量辐射，能明显提高夜间室内温度，降低室内的空气湿度，对保温、防病和增产效果明显。

（5）行间膜下覆草。定植以后，在行间开沟，沟内撒埋一层 15～25 厘米厚的碎草，然后再覆盖地膜。草在膜下吸收土壤中的水分后，会缓慢发酵分解，既能不断地释放二氧化碳，提高室内二氧化碳的浓度，促进茄子的光合作用；又能释放热量，提高土壤温度，促进根系的生长发育；还能吸收土壤挥发的氨气、水蒸气，消除氨害、降低空气湿度；并能缓冲人们进行作业时对地面的压力，减轻行间土壤板结。

（6）增施有机肥料。有机肥料施入土壤后经土壤微生物分解可以源源不断地向室内空气中释放二氧化碳。

6. 温室栽培茄子，应该怎样科学追施有机肥料？

追施有机肥料要结合灌溉进行，每次每 667 米^2 浇水冲施腐熟粪肥 250 千克。肥料会挥发氨气，灌溉会提高室内湿度，为防止氨害发生和室内湿度提高，诱发病害，追肥必须在晴天清晨并开启通风口进行。

追肥还应该在操作行中进行，每次追肥面积要控制在设施总面积的1/5左右，每间隔4～5行追施1行，每6～8天进行1次，轮番操作，30～40天轮施1遍。

操作行中进行追肥，要严格执行开沟、撒粪、撅翻、覆土、浇水、盖膜同步进行，并要在晴天清晨开启风口进行，严禁阴天或中午、下午时间追肥，以免氨气危害作物，并防止增高室内的空气湿度，诱发病害。

7. 温室栽培茄子，应该怎样科学施用速效化学肥料?

温室茄子栽培，在施肥上虽然应以有机肥料为主，但是科学地适量施用速效化肥，仍然是夺取高产的必要措施。施用速效化肥时要依据以下原则操作。

（1）根据化肥的性质施肥。如铵态氮肥的 NH_4^+ 离子易被土壤胶粒吸附，能减少流失，要重点做基肥，可一次性较大量施入，每667米^{2}施50～70千克。同时要注意 NH_4^+ 离子易变成氨气（NH_3）挥发，应深施。如果作追肥使用，必须事先溶解成水溶液随水冲施。

磷肥中的磷酸根（$P_2O_4^{3-}$）离子施入土壤后，接触土壤中的铁离子（Fe^{3+}）、铝离子（Al^{3+}）、钙（Ca^{2+}）等离子，会被其固定而失效，施用时应和畜禽粪便掺在一起，发酵后分层施入土壤中，以提高其利用率和减少与土壤接触而被固定失效。

钾肥易被土壤溶液溶解，且 K^+ 离子流动性大，易被雨水和灌溉水淋溶而流失，施用时应少量多次，重点做追肥施用。钙肥、镁肥、铁肥、锌肥等金属离子施入土壤后，遇到磷酸根（PO_4^{3-}）离子，会被固定失效。使用时应掺加入有机肥料发酵后施用，或单独撒施，严禁与磷肥直接接触。

（2）根据土壤性质施肥。碱性地施肥应施用生理酸性肥料，如硫酸铵、过磷酸钙、石膏、硫酸亚铁等，这些肥料中的SO_4^{2-}离子可降低土壤的pH，起到改碱的作用。酸性土壤可施用硝酸铵、硝酸钙、磷矿粉、石灰、钙镁磷肥等生理碱性肥料，以提高土壤的pH。

（3）根据茄子需肥规律施肥。茄子易发生缺钙和缺钾等病症，其中对钾素的需用量显著超过对氮素的需用量，施肥时应增加过磷酸钙与钾肥的施用量，特别是对结果期的追肥应注意钾肥和钙肥的施用。茄子苗期吸肥量很少，因而底肥施用量不宜过大，否则易引起植株徒长。坐果以后，应加强追肥。

（4）设施栽培应根据温室的栽培特点施肥。温室因其长期施肥量偏多，土壤养分含量普遍较高，一般情况下并不缺少，或较少缺少肥料元素。而环境封闭、空气流动性差，二氧化碳极易缺乏。氨气、二氧化氮等有害气体容易积累，因而在施基肥时应注意控制速效氮肥的使用量，适当增大钾肥、磷肥、钙肥的施用量。追肥时要追施磷钾肥、有机肥，不追施或严格控制速效氮肥的追施，并要严格按照操作规程进行，以免氨气挥发，损伤作物。

8. 温室茄子栽培施用生物菌或生物菌有机肥有哪些好处？

有益生物菌施入土壤或掺入肥料中后，会快速繁育增殖，增殖过程中它从土壤和肥料中吸取大量的游离态和已经被土壤固定的肥料元素，并把这些元素转化成为活的菌体（有机质）。菌体不断增殖也不断死亡，死亡的菌体（有机质）会迅速转化成土壤腐殖质。这样就将土壤中的各种速效、无机态肥料的大部分转化成有机态缓释肥，土壤腐殖质含量迅速增加。土壤中的腐殖质含量虽少，但对土壤性状和茄子的生长状况影响是多方面的。

（1）腐殖质是全元素有机物，能不断地分解释放氮、磷、钾、钙、镁、硫等各种肥料元素，满足作物生长发育对矿质元素的需求。同时腐殖质分解过程中能源源不断地释放二氧化碳和水分，特别是对温室内因通气较少造成的二氧化碳不足，有很大的缓解作用，进而提高茄子叶片的光合效率。

（2）腐殖质具有黏结作用，可以促进团粒结构的生成，改善土壤的理化性状，增加土壤孔隙度，改善通气性，调节水气比例，促进土壤微生物的活动，并使土性变暖，耕性逐渐优化，促进根系发达。

（3）腐殖质在土壤中呈有机胶体状态，带有大量的负电荷，能吸附各种阳离子，如 NH_4^+、K^+、Ca^{2+}、Mg^{2+} 等，提高土壤的保肥能力。

（4）腐殖质具有缓冲性，能够调节土壤的酸碱度（pH）。因为土壤溶液中的氢离子（H^+）可与土壤腐殖质胶体上所吸附的盐基离子进行交换，从而降低了土壤溶液的酸度；当土壤溶液中氢氧根离子（OH^-）多时，其胶体上吸附的氢离子（H^+）又可与氢氧根离子（OH^-）结合生成水（H_2O），降低土壤溶液的碱性（pH）。特别在盐碱性土壤中，增施生物菌有机肥料，是改良盐碱地的有效途径之一。

菌体大量增值的同时还能分泌抗生素，抑制并消灭土壤当中的有害菌类，减少病害发生；能把肥料和土壤中的各种有害物质（如无机态氮素）较多的转化为无害化成分（有机态氮素），使产品成为有机食品。

9. 温室栽培茄子，应该怎样施用有机生物菌肥？

有机生物菌肥内含有大量的土壤微生物菌剂，这些微生物能够释放土壤中的不可溶性磷钾等肥料元素，施用后增效显著。但是，这类微生物多是好气性菌类，它们的一切生命活动，都需要适宜的温度、水分和适量的氧气，因此必须在高温焖室以后才能施用，以免焖室时因土温高，使之失去活力。生物菌肥要浅施，入土深度 5～10 厘米为好，不可深于 15 厘米，防止深层土壤氧气不足，影响微生物的活性，降低使用效果。生物菌怕阳光，使用后应随即埋压入土，防止阳光杀死活菌；生物菌怕杀菌剂，施用后应间隔 7～10 天，土壤方可施用杀菌剂。

10. 温室栽培茄子，应该怎样施用饼肥?

饼肥含有丰富的有机质和大量的肥料元素，肥分种类齐全且利用率高达 60%左右，是温室蔬菜栽培基肥和追肥的最佳选择。但是，饼肥发酵时释放的热量大，如果不经过发酵直接施入土壤中，会发生烧苗现象。

不同种类的饼肥其各种肥料元素含量不同，氮磷钾比例各异，具体使用时应根据不同茄子对各种肥料元素的需求量，适当掺加适量速效化肥进行发酵后方可施用。

11. 温室栽培茄子，应该怎样施用鸡粪?

鸡粪是优良的有机肥料，其含氮（N）量高达 1.63%、含磷（P_2O_5）量 1.54%、含钾（K_2O）量 0.85%，是各种畜禽粪便中含肥料元素量较高的有机肥。但其氮磷钾比例与瓜类、茄果类蔬菜对氮磷钾的需求比例不协调，钾素含量偏低，如果用于做茄子的基肥或追肥应给予调整。

目前绝大多数菜农在施用鸡粪时，都是先晾晒后发酵，此做法大量的氮素（1/2 以上）变成氨气挥发掉了，既污染环境，又严重浪费资源。今后施用鸡粪应先掺加玉米秸秆发酵。玉米秸秆含氮（N）量 0.5%、含磷（P_2O_5）量 0.4%、含钾（K_2O）量 1.6%，其钾的含量高，和鸡粪配合发酵后施用，既可调整氮磷钾比例，使其趋向合理，又减少氮素挥发浪费，降低成本，做到充分利用资源。

方法如下：先将玉米茎秆铡碎平摊开，摊放厚度 20 厘米左右，后向上喷洒生物菌水溶液，接种生物菌，再泼洒鲜鸡粪，待鸡粪不向玉米茎秆渗漏时，在其上再次摊放玉米茎秆 20 厘米厚，再次喷洒生物菌液，泼洒鲜鸡粪，如此繁复进行 3～4 次，至粪堆高达80～100厘米时，用塑料薄膜封闭严密发酵，15～20天后即可施用。

12. 茄子田土壤盐渍化是怎样形成的？设施栽培中应该怎样预防土壤盐渍化？

茄子栽培中，特别是设施栽培，由于塑料薄膜长期覆盖，土壤本身受雨水淋溶较少，加之不少菜农在设施管理当中，长期大量的使用速效化学肥料，尤其是氮素化肥的大量使用，会造成土壤中盐基不断地增多、积累，使土壤的盐碱含量不断提高，形成土壤盐渍化。

土壤盐渍化以后，会大大影响茄子的生长发育，甚至造成大量死秧、植株生长发育艰难，最终不得不终结栽培。

土壤盐渍化并非菜田的必然规律，而是因错误的施肥操作造成的。因此预防土壤盐渍化应改变传统的大量施用化学肥料的不良施肥习惯，实行科学施肥，注意做到以下几点。

①注意增施有机肥料，减少速效化肥的使用量，特别要减少氮素化肥的使用量，即便是追肥也要坚持使用腐熟的有机肥料，追施粪稀、粪干、饼肥等。

②土壤增施生物菌土壤改良剂，改善土壤理化性能，预防土壤的盐基积累。

③设施栽培，进入6月中下旬以后，要撤去棚膜，让自然降雨淋溶土壤，减低土壤中的盐基含量。

④坚持使用天达2116，提高作物本身的适应性、抗逆性，增强其对土壤盐碱的适应能力。

⑤建设新温室时不要从室内取土，维持设施内土地不比室外地面低，以利雨季排水洗盐。

只要认真坚持以上措施，设施土壤，就不会发生盐渍化。对于已经盐渍化的土壤，要采取雨季灌水淋碱，增施石膏、过磷酸钙、硫酸亚铁、醋糟、酒糟等酸性肥料，大量增施生物菌和有机肥，进行改良。

13. 怎样改造温室内的纯沙质地茄田?

纯沙土地漏肥漏水，对茄子生长发育极为不利，投资大而效益低下。但是，只要能解决了漏肥漏水问题，沙土地在管理上又有诸多好处。

一是土壤透气性好，利于发根，植株生长迅速，能早结果、早丰产。

二是土壤的耕性好，便于操作，省工省力。

三是土壤温度高，昼夜温差大，既利于减少有机营养的呼吸消耗，又有利于提高果实品质。

解决土壤的漏肥漏水问题方法：

①大量施用生物菌有机肥料，增加土壤团粒结构，提高保水保肥性能。

②地面铺压黏土，后黏沙掺混，改善土壤质地和理化性状。

③在温室换茬时，结合深翻整地，在土壤底部，铺设一层塑料薄膜。用温室换下来的旧棚膜，按3.8～4.0米×温室南北宽度，裁截成长形方块，并将其卷成筒卷，然后从温室的山墙边沿开始，翻掘一条宽80～100厘米、深30厘米的平底沟，把土全清除出来，放在温室北边的操作道上，整平沟底，再把塑料薄膜卷放入沟底，展开铺严沟底，然后沿沟壁向前重新翻掘30～50厘米宽的土壤，掺加有机肥，添入已经铺设塑料薄膜的沟内。这样随翻地、随清理沟底、随展铺薄膜，反复进行，直至整块薄膜铺设完毕。后逐段进行直至铺完全室，再把操作道上的泥土，添入最后的沟内即可。

土壤底部铺设塑料薄膜以后，彻底解决了土壤漏肥漏水的问题，可节约用肥40%左右，节约用水50%以上。不但沙土地应该铺设，即便是好壤土地如此铺设薄膜后，同样增效显著。只要以后整地，不破坏土壤底部的薄膜，可长期发挥效益，是一次投入，长期受益的节水、节肥、增收的好办法。

（四）节能日光温室茄子栽培无公害病虫害综合防治技术

1. 为什么温室中栽培茄子发生的病害种类多、发病重、难以防治？

在温室内栽培茄子，因其设施封闭性能良好，病虫害不容易传播，只要技术措施得当，病虫害应该比露地栽培显著减轻，甚至可以做到不发生病虫为害。那么为什么病虫害日趋严重呢？其主要原因如下：

首先，温度、湿度管理失误。目前绝大多数菜农早晨、夜晚封闭风口，多在上午10时左右开始通风，或温度达到28～30℃时通风，且开大口，结果室内温度下降至25℃左右，室内温度低、夜间空气相对湿度高。而温室发生的大多数真菌性病害和细菌性病害，其发病的适宜温度多在15～26℃范围内，空气相对湿度达90%左右。如此管理，室内温度长时间处于20℃左右的低温高湿环境条件下，适宜多种真菌、细菌性病害的发生与发展，所以病害必然多发。

第二，低温管理造成土壤温度低，使土壤温度长期处于13～20℃，甚至更低。土壤温度低影响茄子根系发育，根系活性和吸收能力差，植株抗逆性差，特别是抗病性差，病害容易发生。

第三，大多数菜农不注意消灭和控制病虫源，几乎所有的温室，室外都散放有病虫叶、病虫果、秧蔓等植物的残体，这些植物残体存有大量的病菌和害虫，如不及时深埋、沤肥或烧毁，让其存在于温室的周围，就会不断地向外释放病菌、虫害。操作人员从旁经过，身上会带有病菌，进入温室后会传染给室内作物，引起发病。温室通风时，病菌、害虫还可从通风口传入，为害作物。所以同一基地的温室，一室得病，短短几天之内，各个温室全会感病。

2. 目前温室茄子栽培，在病虫害防治方面还存有哪些问题？

随着温室栽培面积的不断扩大，作物种类、品种的逐步增多，其病虫害的种类也迅速发展，为害程度日趋严重。在病虫害的防治上，存在着诸多问题。

（1）大多数菜农在病虫害的防治上单纯依靠化学防治，只注意喷洒农药治病、灭虫，不注意运用农业、生态、物理等综合防治措施，不注意提高作物自身的抗逆性、适应性，使作物自身对病虫为害产生较强的免疫力。例如到目前为止，大多数温室还没有使用天达 2116、康凯等。殊不知使用天达 2116 等后，能显著提高作物自身对病虫为害及各种恶劣的环境条件的适应性和抗逆性，对病害产生较强的免疫力，不得病、少得病。既减少了用药，降低了成本，又提高了产量、品质，增加了经济效益。

（2）大多数菜农不注意或极少注意封闭温室，各温室之间的操作人员经常地相互串走，随便进入对方温室，给病菌、害虫的传播提供了方便、提供了媒介。结果是一室得病，全村传播，无一温室能够幸免。

（3）不少菜农不实行轮作，多年来只栽培茄子一种作物，每年换茬时又不注意实行高温焖室，铲除室内病菌和害虫，造成多种病菌、害虫在室内长期滋生发展，特别是根结线虫的大量发展，给温室的病虫害防治增加了诸多困难。

（4）多数菜农用药时不讲科学，不问病虫害种类，不管药品性质，几种农药胡乱混配，并随意提高使用浓度。这种做法不但不能有效地防治病虫害，反而对作物本身造成了严重的药害。笔者考察发现 90％以上的温室作物都有不同程度的药害发生，这种现象的发生，严重影响了作物正常的生长发育，引起了作物产量的急剧下降，造成温室栽培投资高而经济效益低下。

种种不合理的做法不胜枚举，长期以来，不但不能有效地防治病虫为害，反而大幅度地提高了温室栽培的成本，增加了用工，降低了产量和经济效益。

3. 温室茄子栽培，应该怎样进行无公害的病虫害综合防治?

针对温室设施封闭严密，便于隔离之特点，栽培蔬菜时，为防止和减少病虫害的发生，及时、快速地消灭病虫为害，有效地控制病虫害的扩散与蔓延，必须认真全面地执行“预防为主、综合防治”的植保方针，认真贯彻好植物检疫条例精神，搞好农业防治、物理防治、生物防治、生态防治和化学防治等综防措施，才能经济有效地防治病虫害。

（1）实行轮作、深翻改土。结合深翻，土壤喷施免深耕调理剂，增施有机肥料、磷钾肥和微肥，适量施用氮肥，改善土壤结构，提高保肥保水性能，促进根系发达，植株健壮。

（2）选用抗病品种。种子严格消毒，培育无菌壮苗；定植前7天和当天，分别细致喷洒两次杀菌杀虫剂，做到净苗入室。

（3）栽植前实行高温焖室，铲除室内残留病菌与害虫，栽植以后，严格实行封闭型管理，防止外来病菌侵入和互相传播病害。

（4）定植后10天，根基浇灌旺得丰（侧胞芽孢杆菌）、奇多念（毛壳菌）等生物菌液，改良土壤，抑制病菌生长发育，提高茄子根系活性，减少病害发生。

（5）结合根外追肥和防治其他病虫害，每10～15天喷施1次600倍天达2116，或芸薹素内酯，或康凯，并要坚持始终，提高茄子植株自身的适应性和抗逆性，提高光合效率，促进植株自身健壮。

（6）增施二氧化碳气肥，提高营养水平，调控好植株营养生长与生殖生长的关系，全面增强抗病能力。

（7）全面覆盖地膜，加强通气，调节好温室的温度，降低空气湿度，使温度白天尽力提高至 30～35℃，夜晚维持在 12～20℃，空气相对湿度控制在 80%以下，以利于茄子正常生长发育，不利于病害侵染发展，达到防治病害的目的。

（8）注意观察，发现少量发病叶、病果、病株，立即摘除或铲除深埋，发现茎干发病，立即用 200 倍 70%代森锰锌等药液涂抹病斑，铲除病源。

（9）定植前要搞好土壤消毒，结合翻耕，每 667 米^2 喷洒 3 000倍 99%天达恶霉灵药液 50 千克，或撒施 70%敌克松可湿性粉剂 2.5 千克，或 70%的甲霜灵锰锌 2.5 千克，杀灭土壤中残留病菌。定植后，注意喷药保护。如果已经开始发病，可针对病害种类选用相应的药剂，连续、交替喷洒迅速将其扑灭。

4. 温室茄子栽培，应怎样贯彻植物检疫条例精神？

植物检疫条例是农业生产的重要依据，在节能日光温室内栽培茄子，认真执行条例的有关精神，更有利于设施内病虫害的防治。

（1）温室与外界环境要严格隔绝，进出温室要随即关门落锁，封闭温室，严禁来访的无关人员等进入室内，严禁操作人员之间的相互串走，以免为病虫害传播提供媒介。

（2）室内应开顶风口通风，并在风口处增设防虫网，严防害虫从通风口进入室内。不开启温室底口通风，防止室外病菌、虫害随着通风气流进入温室。

（3）温室内一旦发生病虫为害，应坚决彻底铲除，以防蔓延。对受病虫为害的病株残体，要集中深埋，严禁乱扔乱放，以免为病虫害传播提供方便和媒介。

（4）从外地调种调苗，要严格执行检疫手续，认真做好消毒工作，严禁危险性病虫草害传入，以免带来不应有的损失。

（5）茄子幼苗定植之前，要细致喷洒杀菌灭虫剂，做到净苗入室，以防栽植时把病菌和害虫带入室内，造成不应有的损失。

5. 在温室内栽培茄子怎样做好农业防治?

农业防治措施是指通过平时所进行的各种农业技术措施防治病虫害。农业防治一般不需要额外的费用和用工，且其效果长久，对人畜安全，又不会造成对环境的任何污染。

农业防治是一篇大文章，只要在进行每项农业技术措施时，都把病虫害的防治措施贯彻进去，就可取得事半功倍的效果。

（1）实行茄子与其他蔬菜的轮作和合理间作。轮作对多种病害和食性专一或比较单纯的害虫可以起到恶化其营养条件的作用，能有效地防止这些病虫害的扩散蔓延。如茄果类与葱蒜类、豆类轮作都可以显著地减轻病虫为害。因而在安排温室茄子种植计划时，严禁茄科蔬菜作物连作，要合理搭配，实行间作套种、立体种植，比如茄果类与芫荽、小茴香间作等，不但可以充分利用土地、空间，增加经济收入，还可以大大减轻蚜虫和其他一些病害的为害。

（2）选用良种嫁接育苗。选用抗病力强的优良品种，可显著减少病虫为害。嫁接育苗是防治根部病害、提高作物适应性和产量的有效措施。

（3）水淹灭虫杀菌。温室换茬时，利用暑季高温时机，在温室内灌水，水深淹没土面1～2厘米，在水面上再覆盖薄膜，减少蒸发，提高水温。如此持续10天左右，膜下20厘米左右深的土壤温度可达50℃以上，经5～10天可把土壤中残存的病菌、病毒、根结线虫和其他虫卵、虫蛹杀死，起到净化土壤的效果。

（4）深翻改土，增施生物菌或生物菌有机肥料，实行测土配方施肥。根据土壤中各种肥料元素余缺状况，合理增施磷钾肥和微肥，减少速效氮肥的施用量。

深翻改土，增施有机肥可以改善土壤理化性状，提高土壤肥力和通气性，促进根系发达。茄子根深则叶茂，生长健壮，其适应性、抗性和对病害的免疫力会明显增强，较难感染病害、不得病或少得病。

适当增施磷钾肥和中微量元素肥，减少速效氮肥用量，可起到平衡施肥的效果，能够减轻硝酸盐类对作物和土壤的污染，有效地提高茄子对多种病菌的抗性，减轻病害发生，特别是一些生理性缺素症的发生。

（5）促生长，提高茄子抗性。从幼苗期开始，结合防病、灭虫和根外追肥用药，每10天左右喷洒一次600倍天达2116，提高茄子自身的适应性、抗逆性和免疫力。既可促进茄子营养体的生长发育、增强光合效率、提高商品产量与品质，又能达到少喷药、减少投资、减少发病，大大提高防治效果。

6. 在温室内栽培茄子，怎样用物理措施进行病虫害防治？

物理防治措施是利用各种物理因素（光、热、电、温和放射能等）来防治害虫。主要措施有以下几种：

（1）浅耕晒垡，火烧垡头。温室内种植蔬菜，其生育时间都比大田生产期长的多，表层土壤往往积蓄了大量的病菌、根结线虫、害虫虫卵、幼虫或虫蛹。对于土壤中积累的病菌、害虫，可在前茬作物灭茬后，选无风晴天上午，先在地表撒一层5厘米厚的麦糠，再掘翻表层12～15厘米土层，只翻不耙，最大限度地保留坷垃，让麦糠进入坷垃的土缝隙中，然后，再撒一层25～30厘米厚的麦草，点火烧土。明火燃烧完后，再次翻土，将其红头热灰翻盖在土下。这样可把表层15厘米深的土壤加热至60～80℃，并能维持数小时之久，能较彻底地杀灭根结线虫和绝大多数病菌与害虫，并给土壤增施了钾肥、利于土壤团粒结构形成。

（2）高温闷室。茄子拔秧前先撤去地膜，浇足底水，待墒情显干时松动土垄后拔秧，可把绝大多数毛根清除地外，减少病菌和根结线虫残留量。然后用2 000倍2%阿维菌素细致喷洒植株穴，消灭残留根结线虫、卵和病菌。拔出的植株剪掉根部、棚外烧毁，消灭根结线虫，余下的植株就地铺设在操作行沟内，再将垄土覆盖其上。然后清擦好温室膜，补好棚膜破碎孔洞，再在室内每 667 米² 分 3～4 堆点燃硫黄粉 2.5～3.0 千克，撒 85%敌敌畏 350～400 毫升（或点燃 45%百菌清烟雾剂 1 千克，灭蚜烟雾剂 500 毫升）。点火后立即严密封闭温室，高温焖室 7～10 天。焖室应在 9 月底以前完成，这时气温较高，焖室后室内温度可达 70℃以上，土温可达 60℃左右，能较彻底的消灭温室内残存的病虫害。

（3）诱杀和驱避措施。在室内的立柱和墙壁上吊挂黄色胶纸，上涂掺加杀虫剂的黏性油，可利用白粉虱、斑潜蝇、蚜虫的嗜趋黄色特性，集中诱杀，从而显著减少室内白粉虱等害虫的为害。

在温室内吊挂银灰色薄膜条或铝光膜条，在温室后墙上张挂铝反光膜，地面覆盖银灰色薄膜，不但可以改善温室内光照条件，提高光合效率，而且还可以驱避蚜虫，效果达到 80%以上。

7. 在温室内栽培茄子，怎样进行生态防治？

生态防治措施是利用改变生态条件，进行病虫害防治的防治措施。

茄子和病菌都要求一定的生态条件，只有当环境条件适宜时，他们才能得以生存和发展，不同种类的病菌和寄主作物之间对生态环境条件的要求总有差异之处，我们可以利用这个差异，选择不适宜病菌生育而适宜或基本适宜茄子生育的生态条件，从而达到抑制病菌发展、防止病菌侵染传播的效果。例如在栽培茄子等茄果类蔬菜时，可以通过覆盖地膜、通风等办法把温室内湿度降至 70%左右，这样既不利于黄萎病、绵疫病、褐纹病、叶霉病、早疫病等病害的发生与发展，又有利于茄子的生长发育，从而可以起到控制病害发生的良好作用。

在温室等设施内栽培茄子，白天温度提高至 33～35℃，夜晚通风预防设施内起雾结露水，可有效抑制灰霉病、绵疫病、褐纹病、叶霉病、早疫病和各种叶斑病等病害的发生。

8. 在温室内栽培茄子，进行化学防治时要注意哪些问题？

化学防治是利用化学农药防治病虫害，化学农药虽有污染环境、破坏生态平衡、产生抗性等弊病，但是由于它具备防治对象广、防治效果好、速度快、适合工业化生产的优势，因此，它仍是温室防治病虫害的最主要措施，离开化学防治，温室栽培茄子的稳产、高产、高效实际上是很难实现的。

为提高防治效果，做到无公害化生产，在进行化学防治时应注意做到：

（1）科学选药，对症下药。选择高效、低毒、安全、无污染的农药，合理配药，切勿随意提高施用倍数和几种不同性质的农药胡乱混配，以免发生药害、造成药品失效。例如含铜、锰、锌等农药，与含磷酸根的叶面肥混用，则铜、锰、锌等金属离子会被磷酸根固定而使农药失效。

（2）交替使用农药。切勿一种农药或几种农药混配连续使用，以免产生抗药性，降低防治效果。

（3）切勿重复喷药，以免发生药害。

（4）灭虫时应尽量选用生物农药。如苏芸金杆菌、青虫菌、杀螟杆菌等，或者选用25%天达灭幼脲3号、20%虫酰肼等，这类药品对人畜安全，不污染环境，对有益昆虫无杀伤力。对害虫不产生交互抗性，其选择性强，既能保护天敌、维护生态平衡，又能有效地控制害虫为害。

（5）提高配药质量和喷药质量。用药时应科学地掺加天达2116，或旱涝收、有机硅等增效剂，以提高防效。只要不是碱性农药，掺加天达2116等后，不但可以提高植株抗性与防治效果、而且可以减少药品的使用量和喷洒次数，起到事半功倍的效果；掺加有机硅可以显著提高药剂的展着性、渗透性、浸润性，提高防效。

多数病菌都来自土壤，且叶片反面的气孔数目明显多于正面，病菌很容易从叶片反面气孔中侵入，引起发病。因此，喷药时要做到喷布周密细致，使叶片正反两面、茎蔓、果实、地面，都要全面着药，特别是地面和叶片反面，更要着药均匀。

（6）用药应及时、适时，真正做到防重于治。每种药品都有一定的残效期，如果用药间隔时间太长，势必给病虫提供可乘之机，对茄子造成为害。

（7）消灭病虫要做到彻底铲除。温室栽培与大田栽培不同，因其封闭严密，在灭虫、防病时要做到彻底干净，坚决铲除，以免留有后患。例如防治白粉虱、美洲斑潜蝇和蚜虫时，可用80%敌敌畏熏蒸，每667米^{2}温室施用400毫升，每5～7天1次，连续2～3次，将其消灭干净，以免残留害虫，为以后防治带来困难。只要用药合理，防治及时、细致，喷药周密，即可有效地防治病虫为害。

（8）温室栽培茄子，严禁使用高残留、剧毒农药。例如呋喃丹、1605、氧化乐果、久效磷、甲胺磷、甲基异柳磷、杀虫脒等。确保人民群众的身体健康与生命安全，避免以上药品污染茄子产品和环境。

9. 温室栽培茄子，经常发生的土传病害有哪些？怎样防治？

在节能温室中栽培茄子已经发现的病害有数十种，经常发生、为害比较严重的有10余种，在这些病害当中，除极少数病害是借助气流和人们的农事活动从温室外面传入外，绝大多数属真菌性、细菌性病害和部分病毒性病害，例如发生最为普遍、为害最为严重的黄萎病、灰霉病、疫病、苗期猝倒病、立枯病等真菌性病害和多种细菌性、病毒性病害，其病菌都是在土壤中或借助病残体在土壤中越冬。这些病害的初次侵染，几乎都是来自温室内的土壤。所以说，能否有效预防和控制住土传病害，是节能温室茄子栽培成败的关键。

防治土传病害，必须认真实行“以防为主、综合防治”的植保方针，切实做好以下工作：

（1）利用温室封闭性能好的特点，在暑季室内作物换茬时，采取水淹、火烧、高温焖室等技术措施，铲除室内土壤中残留病菌，净化土壤，力争室内无菌，杜绝以上各类病害的初次侵染。

（2）注意肥料卫生，严防带菌肥料进入温室；施用的有机肥料，必须经过暑季覆盖塑料薄膜高温处理、充分腐熟，并用3 000倍99%天达恶霉灵药液细致喷洒杀菌后，方可施用。

（3）管理人员入室，要在室外的操作房中更换鞋袜和工作服，防止衣物、鞋袜带菌入室；操作房地面，要撒石灰粉消毒，鞋袜和工作服要勤洗勤晒、杀菌消毒；人员入温室后，要随手关门落锁，严禁外来人员、特别是其他温室的管理人员进入室内，以防其他温室病害交互感染和室外病菌侵入温室。

（4）培育壮苗。育苗时，要选用无菌基质配制营养土，并用3 000倍99%天达恶霉灵药液细致喷洒营养土，彻底杀灭土内残存病菌。

此外，为数不少的病害，由种子带菌，育苗前须用4 000倍99%天达恶霉或1%的高锰酸钾或10%磷酸三钠等药液浸种10～30分钟，杀灭病菌。

建苗床时，要在营养土下面铺设沙砾或小石子，底部铺薄膜、实行膜上土下渗灌，并调控好苗床光照、温度，搞好病虫害防治，促成壮苗。

（5）秧苗移栽时，须用4 000倍99%天达恶霉灵加2 000倍天达高效氯氟氰菊酯药液或2%天达阿维药液细致喷洒苗床和秧苗，做到净苗入室。栽后及时用1 000倍壮苗型天达2116加4 000倍99%天达恶霉灵，或500～1 000倍旱涝收加4 000倍99%天达恶霉灵药液灌根，每株100～200毫升；10天后再以1 000倍天达2116壮苗灵加1 000倍旺得丰土壤改良剂，或奇多念等生物菌水溶液灌根，促进根系发达、抑制病原菌生长发育、提高植株抗性；以后结合根外追肥和防病用药，掺加 600～1 000 倍天达 2116 或芸薹素内酯（硕丰 481）或康凯药液喷洒植株，每10～15 天 1 次，连续喷洒 4～5 次，促进营养体的生长发育，提高光合效率，增根壮秧，增强植株的抗病性和适应性能，使之少发病或不发病。

（6）实行轮作，恶化病菌的生态条件，减少侵染；增施生物菌有机肥料、磷钾肥料和中微量元素肥料，调整好植株营养生长与生殖生长的关系，维持植株健壮长势，提高植株的抗病性。

（7）一旦发现病害，要针对病害种类，立即采取果断措施，对症下药，坚决彻底铲除，决不可让其滋生、蔓延。

10. 温室茄子栽培，经常发生的细菌性病害有哪些？怎样防治？

细菌性病害是不同于真菌性病害的另一类植物病害，在温室茄子栽培中经常发生，为害比较严重的有青枯病、软腐病、细菌性褐斑病等。

细菌性病害，几乎全为土传性病害，在防治上应严格实行土传病害的综合防治措施。

此外细菌性病害又不同于土传真菌性病害，植株一旦染病，多是整株感染，且病情发展迅速，很快致死。因此要注意随时观察，一旦发现病株，立即清除深埋，防止其散发病菌传染其他植株，同时要对尚未表现症状的植株立即喷药预防和治疗。

在化学防治上，对细菌性病害用药，长期以来，多用农用链霉素、可杀得、甲霜铜、DTM 等。笔者发现，由于长期使用此类药品，多数细菌性病害已经对其产生了很强的抗药性，再用这类药品进行防治，效果差，已经难以控制病菌为害与发展，应该改用诺氟沙星 600 倍液、天达诺杀 1 000 倍液、庆大霉素 2 000 倍液、小诺霉素 2 000 倍液、康地蕾得 500 倍液、特效杀菌王

2 000～3 000 倍液、23%络铵铜 400～500 倍液等药液灌根或喷洒防治，每 3 天喷洒 1 次，连续 2～3 次，防治效果良好。

细菌性病害发生时应及时不间断用药，须天天连续用药 3～5 次，方能有效地防治。

11. 温室栽培中，茄子病毒病怎样防治？

茄子病毒病常见的有 3 种类型。

①花叶型：整株发病，叶片黄绿相间，形成斑驳花叶，老叶产生圆形或不规则形暗绿色斑纹，心叶稍显黄色。

②坏死斑点型：病株上位叶片出现局部侵染性紫褐色坏死斑，有时呈轮点状坏死，叶面皱缩，呈高低不平萎缩状。

③大轮点型：叶片产生由黄色小点组成的轮状斑点，有时轮点也坏死。

病毒引起的病害一般通过摩擦、打杈、绑架等接触传播，也可通过蚜虫、机械传播。高温干旱，蚜虫为害重，植株生长势弱、重茬等易发病。

防治措施：

①加强栽培管理。合理轮作，收获后及时清除病残株，培育无病壮苗，注意田间操作中手和工具的消毒。

②选用无病种子和种子处理。播前种子用清水浸泡 4 小时，捞出后放入 10%磷酸三钠液中浸 20 分钟，再捞出用清水冲洗干净后催芽播种。

③在茄子分苗、定植、打杈前先喷 1%肥皂水加 0.2%～0.4%的磷酸二氢钾，预防接触传染。在定植前后各喷 1 次天达 2116 1 000 倍液加天达裕丰 1 000 倍液、NS－83 增抗剂 100 倍液，能增强茄子耐病性。

发病初期用利巴韦林 2 000 倍液加有机硅 3 000～6 000 倍液喷洒病株，每天 1 次、连续喷洒 3～5 次可有效防治，并预防病毒病继续发展。此外亦可用 10%混合脂肪酸水乳剂 600 倍液、

6.5%菌毒清水剂 1 000 倍液等防治。

12. 什么是茄子褐色圆星病？怎样防治？

茄子褐色圆星病的症状为叶片上有近圆形褐色或红褐色的病斑，病斑扩展后中央退为灰褐色，病斑中部有时破裂，边缘仍为褐色或红褐色。湿度大时，病斑上可见灰色霉层。为害严重时，病斑连片，叶片易破碎或早落。

茄子褐色圆星病由茄生尾孢菌和茄尾孢菌侵染所致，这两种病原菌均属半知菌亚门真菌。病菌以分生孢子或菌丝块在被害部越冬，翌年在菌丝块上产出孢子，借气流或雨水溅射传播蔓延。温暖多湿天气和低洼潮湿、株间郁闭易发病。温室保护地栽培茄子可常年发生此病。尤其秋季和春季室温较高和室内空气湿度较大时，此病发生普遍而重。

①农业防治。勤擦拭棚膜除尘，保持温室透光性良好；张挂镀铝反光幕，增加室内光照强度；适当稀植，搞好整枝，改善株行间通透性。清沟排渍，轻浇勤浇，隔沟浇水；浇水后及时中耕松土，散湿保墒。增施钾肥、磷肥，喷施叶面肥，增加植株抗病力。在调温和保温的前提下，搞好温室通风排湿、降低室内空气相对湿度。

②化学防治。发病初期开始喷洒下列药剂之一：70%甲基托布津（甲基硫菌灵）800 倍液加 75%百菌清可湿性粉剂 800 倍液，70%代森锰锌可湿性粉剂 800 倍液加 50%多菌灵可湿性粉剂 600 倍液，80%大生 M45 可湿性粉剂 800 倍液，50%斑特灵悬浮剂 400～600 倍液，10%世高 2 000 倍液，72%杜邦克露8 000倍液，烯酰马林 1 500 倍液等。为增加药液展着性，提高茄子植株抗逆性能，喷药时须加入 3 000～6 000 倍有机硅加 600 倍天达 2116 混合液，每隔 7～10 天喷治 1 次，连续防治 2～3 次。

13. 什么是茄子根腐病？怎样防治？

温室茄子根腐病一般在早春定植后开始发病，初始白天叶片萎蔫，早晚均可复原，反复多日后叶片开始变黄干枯，下部叶片迅速向上变黄萎蔫脱落，继而根部和根基部表皮呈褐色，根系腐烂，导致养分供应不足；根基以上的部位及叶柄内均无明显病斑，最后植株枯萎而死。

茄子根腐病主要由土壤中的腐皮镰孢菌侵染植株引起，病菌在土壤中存活时间长，是一种顽固的土传病害。病菌在土壤中及病残体上越冬，病菌适应的温度范围较广，10～35℃均可发病，最适宜温度为24℃，病菌发病湿度为85%以上。病菌在田间传播主要靠雨水、灌溉水、带菌的粪肥，人、畜的活动及农具。当温室内的温度、湿度增大时，越冬的菌丝体便形成分生孢子，从植株根部伤口或者直接从根部侵入，温室内高温高湿的环境、连作地、低洼地、黏土地以及因长期施用化学肥料导致盐渍化的土壤，有利于茄子根腐病的暴发和流行。

农业防治：

①合理选择茬口，要选择3年内未种过茄子的沙壤土，前茬为百合科作物最佳，或者与十字花科蔬菜、葱蒜类蔬菜，实行2～3年的轮作，移栽前平整土地，起高垄畦，地膜覆盖移栽。高垄畦栽培可避免灌溉后根部长期浸泡在水里，提高地温，促进根系发育，提高植株抗病力。株行距40厘米×60厘米，周边沟、垄沟深20～30厘米，及时排除室内积水，避免土壤过湿。另外，苗期发病要及时进行根部松土，增强土壤透气性。

②增施生物菌有机肥、磷钾肥和中微量元素肥。

③不要在阴雨天气浇水。防止雨天湿度大，造成根腐病菌的传播，浇水要选择有连续2～3天晴天的清晨进行，浇水前须事先喷洒多菌灵等防病药剂。

化学防治：用50%多菌灵可湿性粉剂或者50%苯菌灵可湿性粉剂2千克拌细土30～40千克制成的药土在定植前均匀撒入定植穴中。定植后随即用99%恶霉灵4 000倍加天达2116壮苗灵混合液灌根，每株100毫升，可加速缓苗、促进生根，抑制病害发生。

病死棵要及时拔除并集中烧毁或用生石灰深埋，同时死棵拔苗后在病穴撒生石灰消毒。

发病初期用 4 000 倍 99%恶霉灵［或 50%多菌灵可湿性粉剂 500 倍液、50%苯菌灵可湿性粉剂 800 倍液、50%甲基硫菌灵可湿性粉剂 500～800 倍液、50%氯溴氰尿酸（消菌灵）可溶性粉剂 600 倍液］加天达 2116 壮苗灵灌根，每株灌药液200～300毫升，每 7～10 天 1 次，连续 2～3 次，防治效果良好。

14. 茄子幼苗叶片干边，并出现褐斑，有死苗现象发生是什么原因引起的？怎样预防？

这是苗床土或设施内使用基肥过多，特别是速效氮肥、鸡粪等使用量过大造成的。温室、大棚是封闭性设施，室内挥发的氨气等有害气体不容易排除，造成氨气为害，引起叶片干边、褐斑、死苗等现象发生。

预防方法：

①配制苗床土不要再掺加速效化肥，有机肥必须充分腐熟，用量不要超过 20%，8 份土、2 份粪即可。

②设施内使用基肥不可盲目多用。一般每 667 $米^2$ 使用圈肥 3～4 $米^3$ 即可。使用鸡粪时，每 667 $米^2$ 用量要控制在 3 $米^3$ 以内。一定注意科学用肥，充分发挥肥料效用，防止肥料浪费，在设施内要以有机肥料为主，不使用或少用速效氮肥，有机肥料也要分多次使用，开花结果后开始在操作行中追肥，每次追施栽培面积的 1/5 左右，每 5～8 天进行 1 次，每 30～40 天轮施 1 遍，全生育期中可轮流追施 3～4 次。这样做既可防止氨害发生，又大大提高了肥料利用率，节省费用；并能显著增加设施内二氧化碳含量，增强光合作用，提高产量和品质。

③茄苗长出 2～3 片真叶时及时喷洒 600 倍天达 2116 壮苗灵加150 倍红糖加 1 000 倍裕丰 18（或 4 000 倍 99%恶霉灵），

提高秧苗抗逆性能。

15. 茄子幼苗栽植后茎基部发生变褐、腐烂、甚至死苗现象，是什么原因引起的？怎样预防？

这种现象发生比较普遍，是栽植方法错误造成的，目前不少菜农定植茄苗时，覆土后用力按压根际部位的土壤，土壤中有沙砾或硬土粒，茄幼苗茎蔓较鲜嫩，组织松软、脆嫩，被沙砾或硬土粒挤压，必然伤及细胞，引起组织坏死，为病菌侵染提供方便之门，诱发病害发生，造成根茎部位变褐坏死，甚至死苗。

预防方法：

①定植菜苗时严禁按压，水渗后，覆以细土即可，减少细胞损伤。

②幼苗定植后及时喷洒并浇灌 600 倍天达 2116 壮苗灵加 4 000倍 99%恶霉灵加 150 倍红糖混合药液，可有效地预防苗期病害发生。

16. 温室内栽培茄子，为什么会经常发生缺素症等生理性病害？

茄子设施栽培中的缺素症，长期以来一直被误认为是土壤缺素引起。然而，在设施栽培中发生缺素症，并非是土壤缺素引起，而是因为地温低，土壤板结，土壤溶液浓度高，土壤中严重缺氧，发根量少，根系老化，活性低，生理功能失调，吸收肥水能力差等综合因素造成的。

实际情况是：设施栽培的施肥量，不论是有机肥，还是氮、磷、钾、微肥等速效化肥，其使用量都远远多于大田的施肥量，一般是大田施肥量的 3～4 倍；而设施栽培的浇水量，反而仅有大田降雨量加浇水量的 1/2 左右。大田栽培在施肥量少、浇水量大，肥料流失重的情况下，并没发生或很少发生缺素症。难道施肥量多、浇水量少、肥料流失轻的设施栽培的土壤，反而缺少肥料元素吗？恰恰相反，通过土壤化验得知，绝大多数设施土壤中各种肥料元素都明显偏多，土壤溶液浓度偏高。那么为什么设施作物还会频繁发生缺素症呢？究其原因，是因为绝大多数的设施管理者，他们忽略了设施栽培的生态环境条件已经不同于大田。

首先，设施栽培一般白天 5 厘米深处的土壤温度可比室内空气温度低 7～10℃（大田土壤温度等于或高于空气温度），深层土壤温度更低。在这种情况下，绝大多数管理者们却在按大田要求，采取低温管理，调控室内温度在 25～28℃范围内。结果其土壤温度变化范围在 13～23℃。一昼夜当中约有 20 多小时的时间，土温低于 20℃，比果菜类作物根系生长发育最适宜的土壤温度 28～34℃低 15℃左右。较低的土壤温度，不利于作物根系的生长发育，导致生根量少，根系吸收能力差，生理活性低，这不但会引起各种缺素症的发生，还会引起多种其他生理性病害的发生，甚至于烂根、死根，导致作物死亡。

而大田栽培和设施栽培相反，进入夏季后，土壤温度一般比空气温度高 1～3℃，土温多维持在 25～35℃。较高的土壤温度，能促进根系发育，增加生根量，提高根系活性，促进根系对水分和营养元素的吸收、转化和利用。因此极少发生缺素症，也很少发生其他生理性病害。

第二，在设施栽培中，多数管理者仍然按照大田的管理方式，用速效化学肥料结合灌溉进行追肥，对土壤不进行中耕松土或很少中耕，土壤板结、溶液浓度高、缺氧。如此恶劣的土壤条件，抑制了根系的呼吸作用和生理活性，根系老化，不发或很少发生新根，根系活性低，吸收能力差，这就必然诱发各种缺素症等生理性病害的发生。

17. 温室茄子栽培应该怎样预防和防治缺素症等生理性病害？

在设施栽培中，维持较高土壤温度，创造适宜根系生长发育的环境条件，提高作物的耐低温性能和抗冻性能，促进根系发育，提高根系活性，是防治缺素症与生理性病害最为重要的技术措施。

土壤温度是依靠阳光辐射和空气的热量传导来提高的，在一般情况下，阳光的辐射强度是相对稳定的，要提高土壤温度，最有效的方法就是通过提高设施内的空气温度来加热土温，才能较为显著地提高土壤温度，使土壤温度在较长时间内，稳定在根系发育所必需的适宜温度范围之内，才能减少缺素症等生理性病害的发生。

所以说通过提高设施内的空气温度，维持较高的土壤温度，是设施茄子栽培成功与否的最为关键的技术之一，也是预防各种生理性病害的最有效措施。

（1）实行高垄畦栽培，要全面覆盖地膜，尽力提高土壤温度。

（2）实行高温管理，提高白天室内温度。特别是进入严冬季节以后，只要室内温度不高于作物适宜温度的上限3℃，白天就要严禁通风，室内温度高于作物适宜温度上限3～4℃时，要开小口通风，使温度维持并稳定在作物适宜温度上限3～4℃范围内，用高气温提高土壤温度，促进根系发育，减少缺素症等生理性病害的发生。

（3）提高植株自身的抗逆性和自我保护能力，实现健身栽培。植株自身能够具有较强的抗寒、抗冻等抗逆性能，对于在温室栽培中，抵御冷害、冻害、减少缺素症等生理性病害的发生，具有特殊的意义。提高作物自身抗逆能力的方法有：

①选用耐低温、抗逆能力强的品种。

②种子催芽时进行低温锻炼，用－2～0℃的温度处理刚发芽的种子6～8小时，提高植株对低温的适应能力。

③用天达2116灌根、涂茎、喷洒植株，提高作物自身的抗冷冻、耐低温和对其他不良环境的适应性能。

（4）要结合追施有机肥料经常地进行中耕松土，疏松土壤，促进土壤呼吸，及时补充土壤中的新鲜空气（氧气），促进根系发育。

18. 根结线虫病在温室中为害日趋严重，应怎样防治？

茄子根结线虫称爪哇根结线虫，属植物寄生线虫。主要发生于茄子根部，尤以支根受害多。根上形成很多近球形瘤状物，似念珠状相互连接，初期表面白色，后变褐色或黑色，地上部表现萎缩或黄化，天气干燥时易萎蔫或枯萎。

根结线虫在土壤中以 2 龄幼虫和卵越冬，活虫体在离开寄主的情况下，可以存活 1～3 年，温室中栽培的蔬菜主要是瓜类、茄果类和豆类蔬菜，这些蔬菜种类，都是根结线虫的嗜性寄主，它可以连续地、不间断地繁殖为害，所以土壤中的根结线虫数量越来越多，加之多数菜农迷信农药、只重视化学防治，而化防对其效果甚差，所以为害日趋严重。

防治根结线虫病，必须坚持预防为主、综合防治的植保方针，着重抓好农业、物理防治措施，配合化学防治，才能有效地预防为害。

（1）根结线虫主要分布在 3～10 厘米的表层土壤内，15 厘米以下的土壤中极少存有，该虫在 55℃的温度条件下，经 8～10 分钟即可致死。利用这一特性，可在暑季换茬时，采取火烧、水淹和高温焖室等方法加以铲除（参阅“怎样用物理措施进行病虫害防治?”）。

（2）实行与大葱、大蒜的轮作与间作，每隔 2 年可栽种一茬大葱或大蒜，或在主栽蔬菜作物的株行间，间作蒜苗，蒜苗长成后，采取割韭菜的收获方法，留根再发，让其长期保留，可明显减轻根结线虫的为害，还可以减少其他病害的发生与发展，增加温室收入。

（3）土壤增施有机肥料、磷钾肥料和微量元素肥料，植株连续喷施天达 2116，确保植株健壮强旺，提高其对根结线虫的抗逆性能。

（4）幼苗定植时，结合浇水，穴浇 2 000 倍 2%的天达阿维菌素或 2 000 倍天达高效氯氟氰菊酯药液，每穴 200～250 毫升，或穴施 10%粒满库颗粒剂，每 667 米^2 5 千克，或每 667 米^2 用“绿鹰”（辛硫磷缓释剂）800～1 000 克对水 150 千克均匀浇灌栽植穴，杀灭土壤中残留虫源。

以上措施全面执行可有效地控制根结线虫病的发生与为害。

19. 温室白粉虱、蚜虫、美洲斑潜蝇等害虫怎样防治？

白粉虱、蚜虫、美洲斑潜蝇等害虫，多是从室外侵入温室的，开始时，室内只有少量发生，没有引起管理者的重视，不注意防治，结果最后繁衍成灾。

为什么几乎所有的温室都有此类虫害的为害，而且日趋严重呢？就是因为管理者的头脑中没有或不重视“预防为主、综合防治”的植保方针，只迷信农药，存有“农药万能”的错误观念，才导致了温室中虫害的大量发生。

为了彻底铲除温室虫害，应做到：通风口设置防虫网；秧苗定植前，实行高温焖室，铲除虫源；定植时做到净苗入室；平时进出温室随手关门，封闭设施。

为防万一，秧苗定植后，或发现有少量害虫时，要立即采取敌敌畏熏蒸，或灭蚜烟剂进行消灭，每 6～7 天 1 次，连续 2～3 次，彻底铲除。

采用熏蒸方法消灭虫害，应改变夜间低温时熏蒸为白天高温熏蒸，提高防治效果。熏蒸应于晴天中午时开始进行，熏蒸时间一直持续到第二天拉苫时，再开口通风换气，1 小时后方可进入温室，进行管理。这样操作熏蒸时温度高，持续时间长，害虫吸入药量多，杀虫彻底。连续进行 2～3 次，能把残留虫卵孵化的幼虫、虫蛹羽化的成虫，随即消灭之，不留后患。如果发生菜青虫等鳞翅目类害虫及其他害虫，亦可采用此法防治。

温室白粉虱对黄色有强烈趋性，可在室内张挂黄色杀虫纸板诱杀之。方法为：用黄色硬纸板，裁成1.0米×0.2米的长条，涂上1层黏油（10号机油加少许黄油调匀），每667米^{2}温室均匀分散吊挂30～35条，杀虫纸板吊挂高度与植株同，可有效地消灭白粉虱成虫。纸板黏满白粉虱后可再次涂油（每7～10天重涂1次）。

白粉虱、蚜虫、美洲斑潜蝇等害虫繁殖迅速，极易传播，每行政村或生产单位应该注意实行联防，以便提高总体防治效果。

20. 温室茄子栽培，为什么经常发生药害？

温室栽培茄子，比较突出的另一个问题是药害普遍发生，笔者从事设施栽培技术推广多年来，发现不论是温室果树栽培还是蔬菜栽培，几乎90%以上的室内作物，都有药害发生，其中很大比例是严重药害。

茄子叶片出现叶色发暗、无光泽，叶面粗糙、硬化，就是轻度药害；叶片变厚、变脆，叶缘坏死、黄化是较严重药害，个别严重者叶片干枯、坏死。

温室茄子一旦发生药害，必然造成叶片老化、硬化，光合作用受阻，光合效率大幅度降低，引起减产、甚至是严重减产。

造成这种现象的主要原因：

①药贩子们为了赚菜农、果农们的钱，他们误导菜农、果农多打药、高浓度用药，并让他们几种农药混用，从而造成药液浓度过高，引发药害。

②多数菜农、果农自身不懂技术，不清楚药品性质，一旦发生病害、虫害，心里急，只想立即消灭病虫害，误认为多配几种药、高浓度用药，就会达到目的。结果一是可能防治效果不错，但是却造成了严重药害，反而给作物带来了新的更大的损失；二是不但没能有效地防治病虫危害，反而发生了严重的药害，对作

物的危害越发严重。

③重复打药必然提高了着药浓度，而诱发药害。重复打药有自觉与不自觉之分，不少菜农打完药后，发现喷雾器内还剩有药液，怕造成浪费，舍不得扔掉，又回过头来把剩药重复喷洒到作物上，结果造成了局部药害。另外有的菜农为了确保防治效果，盲目地用两种或多种农药混用，因不知农药成分，结果把不同包装、不同名称的同种药品配制在一起，造成高浓度重复配药，喷洒后，必然在全温室内发生药害。

④温室周围的农田喷洒除草剂，正遇上温室进行开风口通风，含有除草剂气雾的空气进入温室，使室内作物发生了除草剂药害。

21. 怎样预防药害的发生？怎样缓解药害、降解农药残留对人体的危害？

为避免药害的发生，用药必须慎重。

（1）用药前要认真阅读药品说明书，仔细检查药品的批号、合格证、使用范围、使用浓度，了解药品性质、使用方法及注意事项等，避免用错药和高浓度用药。

（2）要对症用药，严禁在不了解药品性质、不知病虫种类的情况下盲目用药。

（3）要认真向农业技术人员咨询，听取他们的意见，不可盲目听信药贩子们的吹牛和许诺，胡乱打药。目前绝大多数卖药者，他们并不懂或不真懂得农业技术，不了解药品特性，其中不少卖药者是唯利是图，说话不负责任，他们为了自己的经济利益，可以胡说乱道，引导菜农们多买药、多打药。发生了药害，菜农们也许并不知道，或者空口无凭，也没法追究责任。

（4）不可随意使用所谓的新产品，目前农药市场极其混乱，假冒伪劣药品充斥市场，同种农药产品，会有多种包装、多个名字，许多所谓的新产品是换个名字、换个包装，包着老产品。实际上好的产品、商标是不会更换的，只有伪劣产品才会换名字、换包装。因此在如此复杂的情况下，你不可随意使用所谓的新产品，更不能听信药贩子们的吹牛，最好还是使用信得过的厂家生产的信得过的产品。不知底、不了解的产品不可随意使用，更不能几种药物随意混配，那样做，你会糊糊涂涂的重复用药，不知不觉地提高了药液浓度，使你的蔬菜发生药害。如果你想使用新农药、新产品，一定要听一听有关专家和农业技术人员们的意见，以免上当受骗。

(5) 通风时，注意周围农田是否在喷洒除草剂，如有喷洒者，应立即停止通风、或只开顶风口通风，以免除草剂气雾进入室内，危害作物。

一旦发生药害，只要植株还没有死亡，必须立即喷洒 600～1 000 倍壮苗型天达 2116 加 200 倍红糖加 500 倍尿素药液进行解救、缓解药害。每 3～5 天 1 次，连续喷洒 2～3 次，可在很大程度上缓解药害，使作物尽可能地恢复正常，从而达到最大限度地减少药害对作物的危害。

（五）温室栽培茄子综合管理技术

1. 在温室内栽培茄子应该怎样安排茬口？什么时候育苗？怎样培育健壮的秧苗？

茄子适应性强、耐热、寿命长，在温室内栽培其经济寿命可长达 2～3 年，所以多采用一年一作式栽培。茄子市场价格在不同的季节差价幅度较大，一年当中，以春节前半月价格最高。为追求此时期产量，应该在 7 月底至 8 月上、中旬育苗为好。

要培育健壮、无病虫的秧苗，首先要建好“三防”育苗床。

苗床分播种床与分苗床。播种床：每 667 米^2 温室，需建育苗畦 4～5 米^2，建设方法、营养土配制同露地播种床。

（1）种子处理。每 667 米^2 温室需种子 50～60 克，晒种 1～2 天，播种前用 55～60℃热水烫种 25～30 分钟，再以 30℃清水浸种 15～18 小时（中间需换水 1 次），再以 1%的高锰酸钾药液或 10%的磷酸三钠药液浸种 20 分钟，杀菌消毒，后以清水充分清洗（直至不含一点药液），甩净水分，置于恒温箱内，以 25～30℃温度催芽。有少量种子发芽时，再放入冷冻盒内，用－2～0℃温度处理 4～6 小时，然后放入井水中回暖 15 分钟，捞出甩净水分继续催芽，70%的种子发芽后播种。

（2）播种。发芽的种子放入盛有清水的瓷盆内，以新炊帚搅匀和水一起均匀甩撒入苗床内，覆土 1 厘米厚，覆地膜，盖好防虫网和旧薄膜，防雨、遮阴、防止害虫侵入。

（3）苗床温度。出苗前日温 28～32℃，夜温 20～23℃；出苗后日温 25～30℃，夜温 18～23℃；分苗前日温 20～25℃，夜温 14～18℃。温度高于适宜温度时，可在降温沙石层内浇灌井水并遮阴降温，以利出苗。

（4）分苗。幼苗出土时，在早晨或傍晚及时揭去地膜，幼苗长至 2～4 片真叶时要及时分苗，分苗床每 667 米^2 温室建 40～50 米^2，建设方法与苗床土配制同露地育苗。

分苗时要干土起苗，随起苗随栽植，株行距 10～12 厘米，成正方形排列。栽后浇透水。分苗后随即喷洒 1 000 倍天达 2116 壮苗灵加 5 000 倍 99%恶霉灵加 3 000 倍 2%阿维菌素加 200 倍红糖混合药液，促苗健壮、防病防虫。并要注意适当遮阴，防止幼苗萎蔫。遮阴应只遮强光，使幼苗多见散射光。

床温维持在日温 25～30℃、夜温 18～23℃，以利缓苗。缓苗后浇透水，随即切块，切块后再撒细干土 1 厘米厚，后控制浇水，并要防雨水淋苗，严防苗床温度过高，引起幼苗徒长。

（5）控制幼苗旺长。分苗以后，如长势过旺，需用 1 000 倍助壮素药液或40～100毫克/千克多效唑药液喷洒幼苗，抑制其营养生长，促进幼苗花芽分化。

（6）苗期病虫害防治。出苗后每7～10天喷1次4 000倍99%天达恶霉灵加600倍天达2116壮苗灵药液或500倍70%的乙膦铝锰锌加600倍天达2116壮苗灵加1 000倍裕丰18，防治病害。如有蚜虫为害可喷布1 500倍2%啶虫脒（或2 000倍2%阿维菌素，或2 000倍2%高效氯氯氟氰菊酯）加3 000倍有机硅混合液。

2. 在温室内栽培茄子选用哪些品种比较好？

在温室内栽培茄子应该选用生长势强、寿命长、耐低温、耐弱光、耐湿、抗病、适应性强、丰产的大果型品种。同时，茄子的区域性较强，消费习惯差别很大，应根据销往的市场需要选择对路的品种。多数地区喜食果色黑紫油亮、果形粗长或卵圆形品种。个别地区也喜食圆茄或绿色、白色品种。经过实践检验比较好的品种有：荷兰布利塔、济杂长茄1号、济杂长茄4号、济杂长茄7号、鲁茄1号、德州小火茄、北京六叶茄、东温茄王、茄杂1号、辽茄1号、菏泽紫圆茄、河南糙青茄等。

3. 在温室内栽培茄子，定植前需要做好哪些准备工作？

（1）深翻土地。深翻要分层进行，以保持原有土层，一般深翻30～35厘米，其中表层（耕作层）20厘米左右土壤，结合深翻，每667米^{2}温室施入优质厩肥6 000千克，过磷酸钙50千克，钙镁磷肥50千克。磷肥应与厩肥掺匀后撒施，厩肥要先均匀喷布2 000倍天达吡高氯50千克或400倍甲基乙硫磷50～60千克，消灭粪内害虫。底层10～15厘米土壤，结合深翻撒施圈肥3 000千克和土壤“免深耕”调理剂200毫升，翻后灌透水。

（2）整畦。土壤显干时，再次耕翻耕作层（20厘米左右），结合耕翻施饼肥 100 千克、碳酸氢铵 50 千克、硫酸钾 50～60 千克、硫酸锌 2 千克、硼砂 2～3 千克、75%敌克松可湿性粉剂 1.5 千克（或 99%天达恶霉灵 100 克）、5%辛硫磷颗粒剂 2.5 千克，翻后细耙，做到无明暗坷垃。然后，每 90 厘米整一小高畦，畦高 25 厘米、宽 60 厘米、畦沟宽 30 厘米。

（3）高温闷室。9 月 20 日以前扣好无滴膜，畦沟内灌透水，然后分 4 堆点燃硫黄粉 2.5 千克、80%敌敌畏 400 克，封闭温室，增温，闷室 7～10 天，杀灭室内病菌与害虫。

（4）苗床喷药。定植前 7 天和当天，细致喷洒 1 000 倍天达 2116 加 5 000 倍 99%恶霉灵加 2 000 倍天达吡高氯药液，消灭病虫害，做到净苗入室。

（5）灌水、切块。定植前 7 天喷药的同时，降低床温，白天 18～20℃，夜间 10～15℃炼苗，苗床灌透水，再次切块，3～4 天后倒坨囤苗。

4. 在温室内栽培茄子，应该怎样定植？

幼苗长至 7～8 片叶并显蕾时定植（9 月中旬前后），定植选晴天上午进行，定植前 1 天，在畦垄顶部按株距 30～35 厘米开穴（行的南部 30 厘米，中部 32～35 厘米，北部 35～40 厘米），每 667 米^2 栽植 2 000～2 200 株。穴内放苗后先封半土、浇水使水浸过土坨，水渗后，随即浇灌 1 000 倍旱涝收加 4 000 倍 99%恶霉灵（或 5 毫克/千克萘乙酸加 300 倍 2%的络氨铜）药液，每株 100～150 毫升，改良土壤，促进根系发育和防治根部病害发生。待第二天下午地温提高后，以热土封穴，结合封穴，每穴撒施生物菌肥 30～50 克或酵素菌 10～20 克，细致锄地，覆盖地膜。

5. 在温室内栽培茄子，定植后应该如何管理？

（1）注意防治低温危害，提高植株的抗逆能力。幼苗定植后，每 10 天左右喷洒 1 次 600 倍天达 2116（瓜茄果专用）加 100 倍发酵牛奶加 400 倍硫酸镁加 300 倍硝酸钾药液，连喷 4～6 次。增强叶片的光合作用，提高植株的抗旱、抗冻（寒冷）、抗病性能，保护植株健壮。

（2）科学调控温度。缓苗前白天 28～32℃，夜间 18～23℃；缓苗后白天 23～28℃，夜间 14～18℃；开花后白天 28～30℃，夜间 15～20℃；冬至至立春白天 25～35℃，上半夜 18～20℃，下半夜 12～14℃；春分后白天 28～32℃，夜间 15～20℃；阴天时白天 14～20℃，夜晚 10～14℃。

（3）及时揭盖草苫、清擦薄膜。夜间室外最低温度降至 10℃以后，应及时加盖草苫。草苫应早揭晚盖，清晨出太阳时开始拉苫，20～30 分钟应揭去草苫，让室内见阳光，下午只要室温不降至 15℃应尽量晚盖草苫，延长见光时间。阴雨天也应揭去草苫，让室内茄子多见散射光，利于产量提高和减少病害发生，阴天可适当推迟半小时左右揭苫，提前半小时左右盖苫，但决不可以不揭草苫。拉揭草苫后要注意及时清擦薄膜，保持薄膜光亮，提高透光率。

（4）科学通风降低温室内湿度。通风可排除室内有害气体，促进温室气体交换，补充新鲜空气，促进光合作用，同时还可以调节温室温度，降低室内空气湿度，减少病害发生。通气应天天进行，但通气不可过量，以免引起室温下降过急，影响茄子的生长发育。通气应以温度为标准，调整通风量大小与时间长短，一般高温时可加大通风口，延长通风时间，室温低时则少通或不通。通风时不可猛然开大口通风，即使是室温高时，也应先开小口后逐渐加大风口，慢慢降温，切不可操之过急，引起闪苗现象发生，造成重大损失。

通风要在傍晚、清晨、夜间进行，一般 16 时左右，拉开风口，通风排湿，室内温度降至 22℃时，关闭风口。傍晚放下草苫以后，再在草苫下面拉开风口，只要室内夜间温度不低于茄子的适宜温度范围的下限（12℃），风口尽量开大。如果清晨温度低于12℃，可先通风后适时关闭风口，待清晨拉揭草苫时，同时拉开风口，进行通风排湿，维持30～45分钟后，关闭风口快速提温。这样做，既可有效地降低温室内的空气湿度，又能使夜间温度维持在10～20℃的范围内，扩大了昼夜之间的温差。而且，较低的夜温既可减少营养物质的消耗，增加养分积累，又能缩短和避开灰霉等病菌侵染发展的高湿、适温阶段，可显著减少病害发生。

通风，还应结合室内湿度与茄子的生育状况灵活掌握，如果设施内空气相对湿度高于80%时，且作物已开始发病，则应以通风、降湿为主要目标，白天只要室内温度不低于25℃，可尽量加大通风量，快速降低室内空气湿度，以低湿度和较低温度抑制病害的发生。如果室内湿度在70%左右，茄子又无病害发生，则可适量通风，使温度维持在30～34℃，以便提高地温，促进茄子植株发根、生长发育与增强光合作用。

（5）保花保果。定植后若长势偏旺，可用1 000倍助壮素或40～100毫克/千克的PP_{333}喷洒茄秧，控制营养生长，促进转化。待茄花开放时，用20～30毫克/千克的2,4-D（或丰产剂2号）加30～50毫克/千克的九二〇加0.15%的50%扑海因（或50%速克灵）药液涂花柄，促进坐果。涂药时应处理刚刚开放的新花朵，涂花选上午8～10时进行，不可重复，并应避开中午高温时间，以免发生药害。

（6）科学整枝。首先抹除门茄以下的萌芽，及时摘除基部老叶、黄叶；门茄坐果后，以上分枝应根据栽植密度决定去留，每667米^{2}定植4 000株以上者，按单干整枝，每节只保留一个分枝继续延长，对另一分枝在花上留2叶摘心，并抹去侧芽，每层留双茄，成1、2、2……发展。如定植密度在3 000株以下者，可行双干整枝，每层留双头延长，另外2个分枝花上留2叶摘心，抹去侧芽，每层结4茄，成1、2、4、4……发展。

为追求春节前的产量，可在双茄或“四母斗”茄果坐住后，在其花上留2叶摘心，并抹去侧芽，集中养分供果。在冬季以2,4-D和九二〇药液涂花柄结的茄果，果实内没有种子，生长的时间再长，果实一直较鲜嫩，因此门茄采收以后，其他各层的果实可以在春节前10天左右，高价格时集中采收，获取高收入。

茄果采收完后，再在对茄分杈的萌芽处剪除上部枝叶，让其重新发枝，长成新株，继续按上述方法整枝结茄子。

(7) 肥水管理。缓苗后应视其长势进行肥水管理，如长势偏旺应适当蹲苗，待门茄坐稳后方可浇水，结合浇水每667米^{2}温室追施腐熟粪稀500千克或腐熟粪干300千克或氨基酸有机肥30千克。门茄膨大以后，可每隔10～15天浇1次水，隔水追1次肥，每次追施腐熟饼肥50～100千克或腐熟稀粪500千克。冬至后立春前，天气严寒时应控制浇水，一般20～30天浇1次水。浇水需选晴天清晨进行，追肥应根据结果多少、茄棵长势及生育时期灵活掌握。果多秧弱应适应勤追、多追，并适当增施适量氮肥，反之应少追或不追。

为提高春节前产量，还应于冬至前10天左右大沟追施腐熟有机肥料，每沟50千克左右。操作时注意做到撒肥、翻掘、浇水、覆膜同步进行。

(8) 增施CO_2气肥。参阅CO2施肥方法。

(9) 根外追肥。每10天左右结合喷药喷洒1次叶面肥，可在药液中掺加600倍天达2116（瓜茄果专用型）加100倍发酵牛奶加300倍硝酸钾加400倍硫酸镁加500倍葡萄糖酸钙，提高光合效率，促进幼茄快速膨大，增加产量，改善品质，提早成熟（注意天达2116不能与碱性农药混用）。

(10) 搞好间作套种。茄子定植时可在行间畦沟内按50厘米株距同时定植西葫芦，留2～3个雄花摘心，结成后拔除。这样做可充分利用时间差、空间差增加温室收入，增收西葫芦

1 300～1 800 千克，每室可增加经济收入 1 000～2 000 元。

（11）综合防治病虫害。参阅茄子病虫害防治。

6. 为什么要做好茄子整枝技术？如何进行整枝？

（1）茄子整枝原因。茄子属连续的二叉分支，每个叶腋都可以抽生侧枝，如果任其自然生长，就会枝叶丛生。而茄子叶片肥厚硕大，消光系数极大，放任生长下的茄子植株，由于通风透光性差，不仅会造成植株徒长、养分浪费、病害频发、果实着色不良，也会影响结果周期。因此，搞好茄子植株调整，就成为夺取高产的一项关键技术。通过整枝可以达到如下效果：

①产量高，品质佳，茄子弯曲少。

②提早结果期且采收期长。

③作业方便，喷药、采收较容易。

④通风，日照充足，病虫害发生减少。

⑤减少喷药次数及数量，降低成本。

（2）整枝方法。

①摘芽。门茄（即主茎第一朵花）以下只保留一个侧芽，使形成的 3 条主干呈三角形分布。

②摘老叶。摘老叶可以通风透光，减少下部老叶对营养物质的无效消耗，要把病叶、老叶、黄叶和过密的叶摘去。

③剪枝。这是植株整枝的重点，一般的栽培技术条件下当进入“八面风”期后，由于茄果数量的增多，营养供应跟不上，植株易衰老，果形普遍较小且弯曲，品质下降。整枝栽培技术在第二次分枝后，在“对茄”开始膨大时把开花结果的那条分枝打顶，让营养更好地供应给果实的发育，该果收后在距分杈约 10 厘米处用剪刀把该分枝剪断，让其侧芽长成分枝继续开花结果；如此类推，以后长出的分枝和其他分枝都是在果实膨大时打顶，在收果后剪枝，让侧芽开花结果，以此方法控制植株的高度和结果的数量，培育粗壮的植株，提高植株的抗病力，确保达到优质

高产的目的。

④疏果。把发育不良的幼果、畸形果和病果摘去。

（六）怎样提高温室茄子栽培的经济效益

1. 影响温室茄子栽培的经济效益因素有哪些？

温室的经济效益可用以下几个公式表示：

纯收入＝商品产量×产品平均价格－总投入

商品产量＝生物产量×经济系数

生物产量＝光合生产率×叶面积×光合时间－呼吸消耗

从上面的公式可以看出，温室的经济收入受着多种因子的制约，但是，在这众多的因子当中最为主要的是光合生产率、产品价格和投入。

（1）光合生产率。光合生产率是决定经济效益的首要因素，它受光照强度、光照时间、温度、二氧化碳浓度、土壤水分、矿质元素、叶面积系数、叶面积动态、叶片寿命、群体结构、品种特性、光合产物的运转规律和农业技术措施等多种因素的制约。

（2）产品价格。产品价格是经济效益的另一主要因素。它受蔬菜种类、品种、商品性质与质量、商品包装、生产规模、流通渠道和季节差价等多种因素的影响。

（3）投入成本。投入成本的高低，既影响产品的质量、产量，又通过产品成本的高低直接影响着经济效益。一般规律是：在科学管理的前提下，经济效益随着投入（特别是施肥、灌溉、喷药等方面的投入）的增加而增加，但投入成本增加到一定程度以后，经济效益将不再随投入的增加而增加，甚至反而下降。在这里最重要的是各种技术措施科学，才能用较少的投入获取较高收入。技术措施不科学，投入的再多，也难以获取高收入。因而，投入一定要科学合理，要经济有效，切不可盲目无限度地增加。只有探索出最佳施肥量、肥料种类与配比、施肥时期、灌溉量、灌溉时期，以及科学合理用药，提高温室覆膜和温室的利用率，降低建设温室的成本，才能达到以比较少的投入，换取较大的经济收益。

2. 应该通过哪些途径提高温室茄子栽培的经济效益?

提高节能日光温室茄子栽培的经济效益的途径主要可以通过以下几个方面：

（1）温室茄子生产是在室内进行的，温室结构性能直接影响着温室生产的产量、质量与经济效益。所以建设一个保温性能好、透光率高、易管理的好温室，奠定良好基础，是提高温室经济效益的首要条件。

（2）提高光合效率，增加茄子产量。产量高低是影响效益最主要因素，产量取决于光合作用，光合作用是植物叶片中的叶绿体（叶绿素）利用光能把二氧化碳（CO_2）和水转变成碳水化合物并放出氧气（O_2）的过程，只有充分满足光合作用所需要的一切条件，才能最大限度地提高产量。

（3）科学调控营养生长与生殖生长的关系，提高经济系数，既要维持健壮长势，又要使营养输入中心定位于果实的生长发育，力争光合产物有较大的比例用于果实生长。

（4）加强全生育过程中的科学管理，合理地调控室内温度、湿度、光照等条件；适时、适量、合理的水肥供应；科学、无公害病虫害综合防治，确保植株健壮；最大限度地延长植株的经济寿命。

（5）调控果实采收期，使果实产量高峰期和采收高峰期恰好处于商品市场价格的最高价位期，以便获取更高的经济效益。

（6）通过合理地、科学地管理，提高产品质量，提高价格，减少投入，降低成本。

3. 温室茄子栽培，怎样提高光合生产效率，增加产量？

增强光合作用，提高光合生产效率，需要从以下几个方面入手。

（1）首先是增大温室采光面的透光率，改善光照条件，充分利用光能。光是光合作用的能量来源，温室内光照的强弱，和见光时间长短是决定光合产量高低的主要因素。最大限度的利用光能，既是植物提高光合产量的主要条件，又是温室在寒冷天气条件下的热量来源。室内光照强度，除决定于季节变化之外，还受温室透光面的形状与角度、塑料薄膜种类与状况、温室支架与群体结构等因子的影响。

透光面角度，据山东农业大学邢禹贤教授的研究得知，随着坡面与地面夹角的变化，其太阳透光率和入射能量发生明显变化。从 12 月到翌年 2 月的 3 个月中，采光面在10°时，正午太阳光入射量为 6 467 千焦耳/（米^2·℃·小时）；采光面在 20°时，太阳光入射量为 7 557 千焦耳/（米^2·℃·小时），比 10°时增加 16.9%；采光面在 30°时，太阳光入射量为 8 699.7 千焦耳/（米^2·℃·小时），比 20°时增加 15.1%；而 40°时，增加的更多。

因此，我们建造温室时，在不影响防风保温性能的前提下，只要条件允许，透光面角度越大，越有利于透光。

此外，如前面所述采光面形状、薄膜种类与状况、采光面与后坡面的投影比例、张挂反光幕等，都能显著影响温室内的光照条件。

（2）延长光照时间。冬季日照时间短，在不明显影响保温的条件下，清晨应尽早拉揭草帘，下午晚放草帘，阴天也应适时揭放草帘，以便充分利用阳光，延长光照时间，提高光合产量。

（3）提高作物自身的光合效率。选用耐弱光、光合效率高的品种，并要用 600～1 000 倍天达 2116 药液，或康凯、芸薹素内酯、光合微肥等药液连续多次细致喷洒植株，启动作物自身的生命活力，提高叶片的光合效率。

（4）维持作物生长发育所需要的最适宜温度。植物的光合强度与温度关系密切，每种植物只能在适宜的温度条件下才能进行光合作用。通常情况下，茄子能够进行光合作用的最低温度是0～2℃，适宜温度范围为10～35℃，最适宜温度为25～32℃，高于35℃光合作用明显下降，40～45℃时光合作用停止。因此，栽培茄子时，为提高其光合效率，减少呼吸消耗，应把室内温度调整到最适宜或基本适宜的温度范围内。

（5）增施二氧化碳气体肥料，提高光合效能。

（6）科学合理地供水施肥。水是植物光合作用的原料，又是植物进行一切生命活动的必需条件；矿质元素是植物细胞营养所必需的重要组成成分。植物通过其根系从土壤中吸收水分和各种矿质元素，维持正常的生命活动。因此科学地适量、适时施用有机肥、化肥和微肥，适时、适量灌水，保证肥水供应，源源不断地满足植物对水分和矿质元素的需求，提高植物的生命活力，也是提高光合生产效率的最主要和最有效的途径之一。

（7）调整群体结构，尽量增大和维持大而有效的光合面积。植物体是一个进行光合作用、生产有机物质的绿色工厂，叶片就是车间，叶绿体和叶绿素是把光能转换成化学能，生产有机物质的能量转换器，因此叶面积与叶绿素是影响光合产量的又一主要因子。

①叶面积指（系）数。叶面积大小用叶面积指数表示。一般在露地条件下，植物叶面积指数小于3时，则光合产量随叶面积指数的减少而下降，若叶面积指数大于5以后，因叶片相互遮阴，光照条件恶化，光合产量反而随叶面积指数的增大而下降。比较合理的叶面积指数为3～5。所以与产量成正相关的只是有效叶面积。在生产实践中，千万不能盲目扩大叶面积，以免造成浪费，消耗肥水，恶化光照条件，引起产量下降，反而得不偿失。

鉴于温室内光照强度明显低于露地条件的光照强度和室内光照分布不均匀的特点，为充分利用光能，增加有效叶面积，首先在定植时要做到前密后稀，前矮后高，并在管理中维持总体高度不超过温室高度的2/3；应实行合理密植，或变化性密植，实行南北行向，减少行间遮阴；要推广间作套种，立体种植，尽快促进前期叶面积的扩大，控制后期的叶面积指（系）数，使之维持在2～2.5（经验数据）；要及时剪除过密的枝叶与衰老叶、病残叶，适时落秧，避免相互遮阴，维持大而有效的叶面积，增加光合产量。

②叶龄与叶动态。茄子的幼叶光合能力很弱，待完全长成壮叶时，光合能力最强，叶片衰老后，光合能力又迅速下降。因此在温室管理上，前期应尽量满足其光、温、肥水条件，促其早发叶、快长叶，尽快扩大叶面积，以增加产量。但是，随着茄子的生长，叶面积指数扩大，互相遮阴现象逐渐加重。因此当叶面积指数达2.5时，又应控制其继续增长，及时抹除嫩芽、嫩梢，摘除基部衰老叶片，增加壮龄叶片比例，减少消耗，改善光照条件，维持较强的光合作用。

（8）增加叶绿素含量。叶片中叶绿素含量与光合强度密切相关。叶色深绿、叶绿素含量高的叶片，其光合强度明显高于叶色浅、叶绿素含量低的叶片，有时相差达2～3倍。叶绿素和植物体内其他有机物一样，经常不断地更新，例如菠菜的叶绿素，72小时后可以更新95％以上。

叶绿素的形成与光照、温度、水分及矿质营养供应状况密切相关。

光照：光是叶绿素形成的必要条件。作物叶片只有依靠光才能生成叶绿素，转变为绿色。

温度：叶绿素生成要求一定的温度，一般其形成的最低温度为2～4℃，最高温度为40～48℃，最适宜温度为26～30℃。

水分：叶片缺水，不仅叶绿素形成受到阻碍，而且还加速叶绿素的分解，所以当作物遇干旱后，叶绿素受到破坏，是导致叶片变黄的主要原因。

矿质元素：氮、镁、硫、铁等元素是组成叶绿素的主要成分，是形成叶绿素必不可少的条件。如缺氮则叶片黄绿，氮充足时，叶色深绿；缺镁，叶绿素难以形成或遭破坏而表现叶脉间失绿变黄。

综上所述，为提高茄子的叶绿素含量，提高光合生产率，同样也必须改善光照条件，保持适宜温度，改善水分及各种矿质元素的供应状况。

（9）选用优良品种。优良品种具有较高的光合效率和较强的适应性、丰产性。在同等的条件下，它可以取得较高的产量和效益。温室蔬菜栽培，应根据温室的特点，选择那些既耐弱光、耐低温，又具有较强的抗病性和生长势强、优质、丰产的中晚熟品种，以获取高额产量和高效益。

（10）增施免深耕土壤调理剂。整地时施用免深耕土壤调理剂，栽植后及时用 1 000 倍旺得丰土壤接种剂加 1 000 倍天达 2116 壮苗灵药液灌根，改善土壤结构，增加土壤孔隙度，加深活土层厚度，促使深层土壤疏松通透，为根系的生长发育提供良好的生态条件，促进根系发达，从而达到根深叶茂，提高光合生产率的目的。

（11）协调、平衡营养生长与生殖生长的关系。既要保障植株健壮的长势，又要让其不断地分化花芽与开花结果，最大限度地延长其生产周期，增加产量。

（12）综合防治病虫害。搞好病虫害综合防治，维持作物健壮的生长势，获取优质、高产。

4. 怎样提高茄子产品的市场价格？

产品价格与经济收益呈正相关。产品价格受产品种类、质量、生产规模、市场流通、季节差价等因素的制约。

目前市场行情千变万化，不同商品种类、不同季节，其价格差异十分显著，即使同一种类的产品也因品种、质量不同，其价格差异显著。为了获取高收益，必须面向市场，生产那些市场紧俏、品质优良、深受消费者欢迎的产品，只有这样才能优质优价，获取高效益。

（1）调整产品上市季节。物以稀为贵，各种蔬菜都是在淡季价高，旺季价低，温室栽培，必须让产量和产品采收盛期处在该产品最紧缺的时期，才能高价销售。茄子在每年的腊月（阳历1月）其销价最高，因而在栽培上应加以调整，使之在12月至翌年1月间为采收盛期，具体方法可通过调整播种期，调整营养生长与生殖生长的关系等加以实现。

（2）提高产品质量。争创“绿色”、“有机”品牌茄子，获取更高的经济效益。

①及时疏花疏果，合理负载。若开花结果过多，必然引起营养生长衰弱，光合产量减少，果实膨大受限，不但降低产量，而且难以长成大果，商品质量差，其价格会大幅度下降。因而要疏花疏果，维持适量负载；并及时疏除畸形果，以提高品质。

②适期采收。根据茄子的品种特性、市场的供应需求、产销两地的距离远近和产品的去向不同，采收时期也相应不同。

另外，要密切注意市场信息，按需供应产品，利用多种技术手段提前或推迟采收时间，提高产品的经济效益。

③进行无公害化生产，创“绿色”、“有机”品牌。同一产品，因其质量的优劣，直接影响到产品的价格高低，只有优质，才能优价，“绿色”、“有机”茄子其价格是无品牌茄子的2～5倍，甚至更高。因此生产中必须通过相关措施，使茄子产品达到绿色标准，力争有机标准，并通过向国家有关部门申请，获取使用绿色、有机标准的资格和商标，培育品牌茄子产品，才能得到较高的经济效益。

主要措施有：

首先，在施用基肥和追肥时，以生物菌有机肥料为主，减少使用化学肥料，尤其应该减少氮素化肥的使用量。

第二，要大力推广动植物检疫，实行农业、物理、生物、生态等综合防治措施，尽量做到不用或少用杀虫剂，减少杀菌剂使用次数，最大限度地减少温室内用药。

第三，化学防治要选用高效、低毒、低残留药品，严禁使用高毒、高残留药品。

第四，进行规模化、集约化生产，减少用工，降低生产成本。并以生产规模，开拓市场，促进流通，提高产品价位。

第五，采收前半月喷洒天达2116消解农药残留。据安丘市外贸蔬菜检测中心测定，喷洒600倍天达2116药液，药后3天对10％灭蝇按、2.5％功夫、25％阿克泰等6种参试农药，消解率达55.81％～60％，14天后，农药残留指标皆可达到出口标准，成为“绿色”产品。

第六，选用优质、高产、高抗性的品种，可显著提高产量，减少农药、肥料等农用物资的投入，降低成本，提高效益。

第七，搞好精包装，提高销售价格。

5. 怎样操作才能减少温室茄子栽培的投入，降低生产成本？

（1）合理投入，降低生产成本。这是影响温室茄子栽培经济效益的重要因素，目前在投入上存在着两种倾向：一是盲目增加投入，不少菜农肥料施用量过多，每667米^{2}一次性施用化学肥料达300千克，施用鸡粪等有机肥料8 000～12 000千克，一次性追速效化学肥料70千克。结果不但没有增产，反而造成肥害，抑制了根系的生理活性和正常的生长发育，阻碍了根系对肥料和水分的吸收，诱发了多种生理性病害的发生。还有不少菜农在喷药时随意提高使用浓度，不分药品性质，几种药物混配，导致药物失效或药害发生。轻者叶片老化，光合生产率下降；重者叶片烧毁，“绿色工厂”破坏，光合生产损失惨重，大幅度减产，既增加了成本，又降低了效益。

二是舍不得投入，作物缺肥少水、生长不良。或者喷药间隔时间长，导致病害发生，同样无法取得高产高效。因此在投入上必须克服以上两种倾向，做到适时、合理投入，既要降低成本，又能满足茄子的正常生长发育、开花结果所必需的肥、水及药物，获取高产高效。

(2) 科学用肥。基肥和追肥都应以有机肥为主，化肥为辅。严禁一次性大量地施用速效性化肥，每 667 米^2 基肥及化肥一次性总使用量不得超过 200 千克，有机肥料不得超过 6 000 千克，追肥及化肥一次性使用量不得超过 25 千克。

(3) 土壤的耕作层底部铺设塑料薄膜，消除土壤漏水漏肥现象，节约肥水用量。

(4) 病虫害防治应认真执行“预防为主、综合防治”的植保方针。着重抓好农业、物理、生物、生态等综防措施，坚决克服单纯依靠化学防治的不良倾向。进行化防时，要选用高效、低毒、对作物不易产生药害、对病虫不易产生抗性的农药，选择适宜浓度用药，多种农药交替使用，切忌单一农药长期连续使用和几种农药随便混配及随意提高使用浓度的不当做法，以免发生药害和提高病虫的抗药性，降低防治效果，增加生产成本。

(5) 选用优质、高产、生长健壮、高抗性、经济寿命长的茄子品种，可显著提高产量、增加收入，减少农药、肥料等农用物资的投入。

(七) 温室茄子每 667 米^2 产 25 000 千克的技术操作规程

1. 品种选择

选用生长势强、寿命长、耐低温、耐弱光、耐湿、抗病、适应性强、丰产的大果型品种，如荷兰布利塔、济杂长茄、鲁茄1号、东温茄王等。

2. 嫁接育苗，培育壮苗

用荷兰布利塔等品种为接穗，日本托鲁巴姆为砧木，嫁接育苗。

（1）催芽播种。先将砧木种子放入50～55℃温水内浸种25～30分钟，再用25～30℃清水继续浸泡12～15小时。后放置在28～30℃温度下催芽，待大部分种子露白发芽，胚根长2～3毫米时即可播种。

当砧木种子出齐苗15天左右，再播接穗，越冬至冬春茬茄子在7月中旬开始播种育苗。

（2）当砧木幼苗长到1片真叶铜钱大小时，播种后25～30天，将砧木幼苗移入营养钵内，接穗1叶1心时，移入畦内，移苗的营养土必须选用大田和隔年腐熟的有机肥按4∶1配制，并对营养土用4 000倍99％恶霉灵加2 000倍2％阿维菌素混合液杀虫灭菌，净化土壤。

（3）嫁接。当砧木长到8～9片叶，接穗长到6～7片叶时进行嫁接。取出砧木苗（连同营养钵），剪除顶部3～4片真叶，保留基部1～2片叶，后用刀片在断茎顶端中部自上向下垂直下切，切口深0.7～1.0厘米，再从苗床中取出接穗苗，保留顶部3片叶片剪下，后把茎从剪口处削成双面楔形，将其插入砧木切口处。注意接穗和砧木的外皮部从一侧对齐，接口紧密接合，再用塑料夹夹住，使之固定。

嫁接必须在拱棚内适度遮阳，在散射光条件下操作，棚内温度白天维持在25～28℃，夜晚20～22℃，空气相对湿度维持在95％以上，为嫁接伤口愈合创造条件。嫁接后继续遮阳，3～4天重遮阳，4～6天半遮阳，早晚可不遮阳，中午遮阳，后逐渐减少遮阳。10天后伤口基本愈合，撤掉遮阳物，转入正常管理。

（4）喷药灭菌。嫁接前1天对砧木、接穗幼苗细致喷洒4 000倍99%恶霉灵加800倍天达壮苗灵加200倍红糖混合液；嫁接的第六天和13天各喷洒1次800倍75%百菌清加600倍天达壮苗灵加200倍红糖混合液，预防病害发生，促苗健壮生长。

（5）拱棚通风。前5～6天不通风，空气相对湿度保持在95%以上，6～7天后每天通风1～2次，每次2小时左右，以后逐渐增加通风次数、延长通风时间，但棚内要保持较高的空气相对湿度，维持空气相对湿度达90%左右，每天中午适度喷水，直到完全成活后转入正常管理。

（6）定植前10天控制浇水，白天温度控制在25～30℃，夜晚15～18℃，进行炼苗。

3. 整地与施基肥

（1）施基肥。定植前要结合整地施足底肥，由于棚户多连作茄子，年年在大棚内过量和错误地使用化肥，导致土壤盐碱化相当严重，各种病菌累积数量多。为科学施肥，整地之前应测试土壤的pH。

方法：取30厘米深上下一致的土壤（最少不少于5个点）用蒸馏水溶解后，用试纸测定pH，pH在6.0以下者，每667米^{2}用熟石灰［Ca（HO)$_2$］100～150千克调整（注意熟石灰不能年年用)。pH在7.5以上时，每667米^{2}施用3～5米^{3}醋糟进行调解，当土壤pH在6.5～7.5范围时，每667米^{2}用发酵好的优质农家肥8～10米^3，腐熟鸡粪2米^{3}并掺加10千克硫酸镁、50～100千克过磷酸钙、30～50千克硫酸钾、0.5千克生物菌或50千克生物菌有机肥，均匀撒于土壤表面，随即耕翻25厘米深，再用旋耕犁耙细耙匀，后整畦。没有农家肥的农户可使用秸秆发酵还田，每667米^{2}施用8～10米^3。

（2）整畦。每相间120～130厘米整一M形高垄畦，畦顶宽 85 厘米左右、高 20 厘米左右，下底宽 100 厘米左右，沟宽 25～30 厘米。每畦顶中央有一深 10 厘米、宽 30 厘米的浇水沟。

（3）定植。当幼苗长到 5～6 片叶时即可定植，在高垄畦中央沟两边畦台上栽植双行茄苗，两行间距 40～50 厘米，宽行距 70～80 厘米，株距 40 厘米左右，每 667 米^2 栽苗 2 200～2 500 株，栽后覆地膜。有滴灌的铺好滴灌管再覆膜，没滴灌的栽苗后、覆膜前用 60 厘米长的玉米秸或细木棍将中央沟支撑起来再覆膜，有利于灌水。注意栽苗时不得按压根际土壤，以免伤及根茎，诱发茎基腐病，嫁接口离地面要保持在 8～10 厘米，防止接穗离地面近，重新扎根，降低产量。

（4）施用生物菌与喷药。定植后结合浇水，用 1 000 倍旺得丰（或其他生物菌）土壤接种剂加 1 000 倍天达壮苗灵液，每株穴灌 100 毫升；并随即用 600 倍天达壮苗灵加 1 000 倍裕丰 18 加 200 倍红糖混合液喷洒植株，预防病害，促进扎根，快速缓苗。

4. 田间管理

（1）温度、湿度、光照管理。定植后白天温度保持在 25～30℃，夜间温度保持在 15～20℃，超过 32℃放风。国庆节后，棚内温度白天提高至 28～32℃，霜降之后提高至 28～33℃，立冬后提高至 28～35℃，以利提高土壤温度，增强根系活性。夜温上半夜维持 16～20℃，清晨不低于 12℃，最低 10℃。

通风在清晨进行，半小时后闭棚升温，直至棚内温度达到 32℃后开启小口，维持棚温缓慢上升至每阶段温度高限时，适度加大风口，使温度维持在高限点上，下午 14 时后加大风口，缓慢降温，落日时维持温度不低于 16℃，棚内湿度控制在 60%～80%，土壤湿度 70%～80%。夜间放帘后须开启顶部风口，只要清晨温度不低于 10℃，须整夜在草帘下开口通风。预防棚内起雾、结露。

改善棚内光照条件，防止弱光导致秧苗徒长。每天日出时及时拉开草帘，日落时放帘，尽量延长光照时间。棚内后坡与后墙之间应设置反光膜，改善棚内后部光照条件。要及时勤净棚膜，增加薄膜透光率。注意遇阴雪天气也必须揭开草帘，接收棚外散射光线，减少因茄子植株体内养分消耗而导致减产。

（2）水肥管理。

①定植时必须浇足缓苗水，后门茄坐果前控制浇水，促进根系下扎，待门茄瞪眼时开始浇水，结合浇水每 667 米^2 冲施腐熟粪肥 500 千克。进入盛果期时 7～10 天浇 1 次水，春节前后的 2 个月，要控水提温，每 20 天左右浇 1 次水，并浇小水。翌年的 3 月份以后，要勤浇水，浇大水，每 7 天左右 1 次，每 2 次灌水冲施 1 次肥。

②施肥以有机肥为主，尽量少施或不施速效氮素化肥，可选择腐殖酸有机肥、黄腐酸钾肥和腐熟粪肥，配合适量钾、钙、镁和生物菌或生物菌有机肥。施肥一定要合理，防止过量，导致浪费，造成减产。追肥可结合浇水冲施腐熟粪肥，或腐殖酸有机肥、黄腐酸钾肥。秧苗衰弱时，可在冲施腐熟粪肥的基础上，每次每 667 米^2 掺加天达能量合剂 2.5 千克或天达根喜欢 5 千克，促进根系发育，壮苗增果。

整个茄子生长过程中要遵循结果前期适度增磷；进入结果期以后增施钾、钙、氮、镁；后期增施钾、氮、钙的原则，切忌用肥过量。冲肥时，每 50～80 天要加施 1 次旺得丰，或其他优质生物菌剂，促进土壤有机质分解，提高棚内二氧化碳浓度，增强光合作用。

（3）植株调整。门茄以下的侧枝和砧木上的侧枝要及时摘除，当植株长到 40 厘米高时要吊枝，每株留 2 个主干，主干上每结 1 个茄子，茄子下面都长出 1 个侧枝，侧枝上留 1 个茄子，茄子上留1～2片叶摘心封顶。此项工作一定要在开花前进行，其余侧枝全去掉，以此类推。当主干长到1.6～1.7米时摘除生长点，茄果收获后回缩主干，利用下部侧芽，重新培育侧干开花结果。衰老叶、病叶、空枝及不结果的无效枝要及时清理，减少养分消耗，增加植株通风透光效果。

（4）保花保果。茄花开展时，用25～30毫克/千克2,4-D加50毫克九二〇药液（或茄子丰收素、农大丰产剂2号、保花坐果灵等）进行蘸花或喷花，提高坐果率。蘸花或喷花必须注意浓度，要严格按照使用说明书标准进行，严防随意提高浓度，造成药害、空洞果和畸形果发生。

5. 病虫害防治

（1）高温闷棚，在定植前20～30天，每667米^{2}温室用500毫升敌敌畏乳油拌炒香的谷秕子3～5千克撒于棚内，同时用1.0～1.5千克硫黄粉，在棚内后墙根处，间隔放3～5小堆草，点燃后将硫黄粉放上燃烧，以只燃烧冒烟、不起火苗为宜，随即将棚密闭10天左右，杀菌、灭虫，净化温室。

（2）茄苗定植后，如发生根腐病和茎基腐病，可用3 000倍99%恶霉灵加600倍天达2116（壮苗灵）加3 000倍有机硅喷雾防治，根腐病严重时用上述药液灌根。

（3）果实采摘期，每10天左右喷1次药，喷药要在浇水或变天前1天进行，用600倍天达2116（瓜茄果）加1 500倍裕丰（或2 000倍10%的苯醚甲环唑，或600倍58%瑞毒霉锰锌，或1 500倍60%百泰水分散剂，或3 000倍39%阿米西达等）农药防治褐纹病、灰霉病、炭疽病、白粉病、绵疫病、黄萎病、疫病等多发病害。

在预防真菌性病害的同时，每次喷药时每15千克水内再加入土毒素7.5克，或兽用诺氟沙星或氟苯尼考（每15千克水内加入1头猪用药量的2倍），预防青枯、软腐等细菌性病害发生。每15千克水内加入利巴韦林8毫升可预防病毒发生。

(4) 阴、雨、雪天和春节前后的低温时期，用药最好使用粉尘剂或烟雾剂，如使用乳剂和水剂时，药液中必须加入3 000倍有机硅助剂，节省用药量、减少喷药后叶片有水滴出现，防止水滴过大导致病害发生。

(5) 用40目防虫网，将温室通风口封闭，防止虫害入棚，并在棚内吊挂黄色诱虫板灭虫。

(6) 防虫用药的品种可选用啶虫咪、吡虫啉、阿维菌素、虫酰肼、灭幼脲等生物农药加有机硅喷洒，提高防虫效果。

附录1　天达2116——神奇的植物细胞膜稳态剂

2000年，笔者第一次在番茄、甜椒上试验了天达2116植物细胞膜稳态剂（简称天达2116），其增产效果达23%～27%，这是笔者从事农业技术推广工作近40年以来使用的所有参试样品中增产幅度最大的一种。

天达2116初问世时，只是作为抗病增产剂进行试验推广的。当天达药业集团把它投入生产，在农业生产上全面推广应用之后，其神奇、独特、甚至是一些想象不到的功能，一个又一个的被人们惊奇地发现了，短短的几年之内，就引起了广大农民和众多农业专家、科学家、学者和农业技术工作者们对它的广泛关注。

天达2116是山东天达生物制药集团与山东大学生命科学院共同研制开发的划时代的、闪耀着高科技光芒的最新一代植保产品。它能使农作物大幅度增产，使农产品品质优化；它无毒副作用、无残留、无公害，体现了绿色环保农业的新理念。它以低投入为农民朋友换来了高回报，为今后的现代农业发展带来了新希望。

天达2116是同类产品当中第一个被纳入国家“863”计划的高科技产品；是国家农业技术推广中心重点推荐和推广产品；是山东省农产品出口绿卡行动计划首选抗逆、防病的植保产品；是2001年进京参加国家“863”计划15周年大展的唯一的农业项目；是同类产品当中最早走出国门，出口美国、德国、俄罗斯、日本、韩国等农业发达国家的植保产品。

细胞膜稳态剂，顾名思义就是细胞膜稳定剂。任何植物的水肥吸收、光合作用、呼吸作用、各种营养物质的进一步合成、转化、运输等生命活动，都是通过细胞膜来完成的。细胞膜是否健全、稳定、完整，不仅决定着细胞的健全与否，还决定着细胞生命力、免疫力的强弱、生理活性的高低，决定着植物的生长发育与生存，而且还左右着植物体的生命活力、适应性等生理功能的强弱，它是一切生命活动的基础。

形态学观察发现：细胞膜受损会导致 3 方面的结果：

①光合效率下降，有机营养物质积累减少，产量低。

②免疫力低下，易感染病菌、真菌、病毒引起的侵染性病害，及因环境不适引起的生理性病害，使作物产量、品质大幅度地下降。

③适应不良环境的能力低，易受霜冻、冷害、干热风、冰雹、干旱、水涝等自然灾害的危害。

天达 2116 含有复合氨基低聚糖、抗病诱导物质、多种维生素、多种氨基酸、水杨酸等 23 种成分，它是运用中医中药“君臣佐使，标本兼治，正气内存，邪不可侵”的组合原理，以复合氨基低聚糖与水杨酸为君，其他成分为臣，用高科技技术配制而成的高科技产品。是运用中医理论，使植物达到抗逆、健身、丰产栽培目的的典范，是农业生产控害、减灾、增收技术的重大突破。

1. 作用与功效

天达 2116 具有独特的生理作用，对细胞正常功能的发挥起着非常重要的作用。它能降低细胞膜中丙二醛（MDA）的含量，减少膜电解质的外渗，提高叶片中相对含水量的含量。从而提高了抗病诱导因子和综合内源激素的水平，实现了二者的平衡，最终表现为保障细胞膜的完整性。它能够启动植物自身的生命活力，提高植物自身的生理活性，最大限度地挖掘植物自身的生命潜力和生产能力，增强叶片的光合效能、促进生根、提高植物适应恶劣环境的能力。从而能显著增强植物自身的抗干旱、耐高温、抗日烧、抗干热风、耐低温、抗冻害、耐水涝、耐弱光、抗药害、抗病害、忌避虫害等性能。特别在预防冷冻害、干旱、解救药害、消解农药残留等方面，作用特别显著。

（1）天达 2116 能保护、稳定细胞膜，提高作物对寒、旱、涝、盐碱等逆境因子的抗逆性，对蔬菜、果树、和各种农作物的低温、冻害、干旱及其他灾害的防御上，作用显著，效果明显。能有效地预防“倒春寒”，而且对遭遇冻害的修复、缓解方面功效显著。经镜检观察，植物喷洒后 1 小时内就可达到降低细胞质液的渗出，起到保持水分的功能。尤其是在寒流来临之前喷施天达 2116，能在临界点温度基础上，达到缓解低温、冻害的效果。在冻害发生之后喷施，有起死回生和较好的修复作用。

（2）能有效地缓解药害。近年来除草剂药害及各种农药药害的发生日益严重，越来越频繁。众多的实验验证：小麦、玉米、花生、大豆、棉花、蔬菜、茶叶、药材、果树等作物，一旦发生除草剂药害、农药药害，随即用天达 2116 喷洒缓解，每 5～7 天 1 次，连喷 2 次，可以缓解药害，能较大限度地恢复植物的生命活力。

（3）合理使用天达 2116 可有效地调节植物营养生长与生殖生长的关系，控制旺长，塑造合理株型，促进花芽分化与果实发育。

（4）天达 2116 具有抗病诱导作用，能显著提高作物的抗病性，对生理性、真菌性病害及病毒病有突出的预防和控制功效，对细菌性病害有较好的辅助治疗功效；对虫害有一定的忌避作用；与非碱性农药混配，对农药有显著的增效作用。尤其是与天达恶霉灵混用可提高药效，降低农药使用量的 50%，被称为植物苗期病害的临床急救特效药。

（5）天达 2116 增产效果显著。到目前为止，数以万计的农民朋友反映，凡是使用过天达 2116 的，不论是什么作物皆能增产，其增产幅度可达 10%～40%。

（6）天达 2116 能显著提高农作物产品的质量与商品价值，

改善粮食、果品、蔬菜、茶叶、烟叶、药材等产品的营养成分与品质，能显著提高瓜菜果的品质，美化果实形状、果面洁净光亮、色彩鲜艳，提高含糖量、口感好，增强贮运性。

(7) 天达 2116 能促进成熟，果树、瓜菜等经连续喷洒 3～4 次，能提前成熟 5～7 天，并能提高产品的耐储性，延长保鲜期。

(8) 天达 2116 能显著消解植物体中的农药残留量。

2. 产品类型与使用方法

天达 2116 有 10 余种类型，不同的作物种类、不同的生育时期，须采用不同种类的天达 2116 进行处理。

(1) 天达种宝（浸拌种型天达 2116）。各种作物的种子，在播种前用天达种宝按说明书浸种或拌种，可提高种子发芽势、发芽率，使发芽整齐，促进幼苗根系发达，抗旱、耐涝、抗冻、抗病、健壮；并能预防和减轻病原菌、病毒侵染和生理性病害的发生，为整个生育时期的健壮生长打好基础。也可用于枝条扦插、苗木移栽时蘸根。

(2) 天达壮苗灵（抗旱壮苗型天达 2116）。各种作物的幼苗期，2～3 片真叶时，喷洒 600 倍天达壮苗灵，可促进幼苗根系发达，抗病、抗旱、耐涝、抗冻、健壮。瓜类、豆类茄果类作物，能促进花芽分化，提高花芽质量与坐果率。

(3) 天达叶宝（叶菜型天达 2116）。大白菜、甘蓝、芹菜、菠菜、茼蒿、芫荽、小油菜、生菜、韭菜等叶菜类蔬菜，以及叶类花卉等叶用作物，用 600 倍天达叶宝喷洒植株，每 10～15 天 1 次，连续喷洒 2～4 次，不但抗寒、抗旱、抗病、耐涝，植株健壮，而且可增产 15%～40%。

(4) 天达根宝（地下根茎专用天达 2116）。马铃薯、甘薯、山药、洋葱、芋头、大姜、大葱、大蒜、莲藕等地下根茎、块根等作物，在生育的中后期，用 600 倍天达根宝喷洒植株或灌根，每10～15天1次，连续使用2～3次，可增产15%～40%。

（5）天达瓜果宝（瓜茄果及果树专用天达2116）。瓜类、茄果类、豆类蔬菜等在开花前5～7天喷洒600倍天达瓜果宝，后结合防治病虫害用药，每10～15天喷洒1次，连续使用3～5次，不但可以提高其抗病、抗旱、耐低温、抗冻害、抗药害等抗逆性能，提前3～7天成熟，而且可以明显改善果实品质，提高含糖量，优化口感，延长经济寿命，增产20%～50%。

草莓定植时用600倍天达壮苗灵加6 000倍99%天达恶霉灵药液喷洒秧苗并浇根，每株50～100毫升。开花前5～7天喷洒600倍天达瓜果宝，后结合防治病虫害用药，每10～15天喷洒1次，连续使用3～5次，不但能提高草莓的抗病性，减少病害与畸形果发生，提高品质，而且可增产15%～30%。

（6）天达果宝（果树专用型）。苹果、梨、桃、李、杏、葡萄、柿、枣等果树发芽时用100倍天达果宝涂抹树干1周，涂抹高度30～60厘米；花前5～7天和落花后7～10天，结合果树防治病虫害用药，各喷洒1次1 000～1 200倍天达果宝；后结合打药，喷洒1 000～1 200倍天达果宝，每10～15天1次，连续喷洒2～3次。不但能提高果树的各种抗逆性能，抵御冻害、干旱、水涝等灾害，减少病虫害发生，而且能显著增强光合作用，改善果实品质，增产果品15%～25%。

采果后喷洒1～2次1 200倍天达果宝加200倍尿素，延长叶片功能期，可较大幅度地提高树体的储备营养水平，增强树体耐寒性能，使树体安全越冬，翌年发芽整齐，抗霜冻，坐果率高，幼果发育快。

荔枝、龙眼、芒果等热带果树，修剪疏枝以后，新梢长至10～15厘米时，用1 000倍果宝药液喷洒1次，15～20天后，新梢接近停长时再喷洒1次。后用250倍磷酸二氢钾加200倍红糖液每10天喷洒1次，连续喷洒2次，促进花芽分化，提高花芽质量。开花前5～7天用1 000～1 200倍天达果宝加500倍硼砂药液喷洒，能防止花期低温危害，提高坐果率。落花后7～10天用1 000～1 500倍天达果宝加200倍红糖液喷洒，可减少生理落果，促进幼果膨大。15～20天后，幼果迅速膨大期再喷洒1次，不但能提高植株的抗寒、抗干旱、抗涝、抗病性能，减少病害发生，而且能促进果实发育，提前3～7天成熟，提高果实含糖量，改善果实品质，增产10%～30%。

香蕉：幼苗栽植时或幼苗发育期用600倍天达壮苗灵药液喷洒1次，促进根系发达，提高植株抗逆性。开花前5～7天用1 000倍天达果宝加500倍硼砂药液喷洒植株，防止花期低温危害，提高坐果率。后结合防治病虫害用药，每10～15天喷洒1次1 000倍天达果宝，连续喷洒2～3次，不但能显著减少病害发生，而且可提前成熟3～7天，增产15%～25%。

菠萝：栽苗时用600倍天达壮苗灵加1 500倍天达裕丰加1 500倍3%啶虫脒药液浸泡幼苗30分钟后栽植，能加速缓苗，促进发生新根，预防粉蚧和凋萎病等病虫害发生；缓苗后再用600倍天达壮苗灵加6 000倍99%天达恶霉灵药液喷洒幼苗并浇根，促进根系发达，防止菠萝茎腐病、凋萎病等病害发生。显蕾时用600倍天达果宝加1 500倍天达裕丰药液喷洒植株，促进花蕾发育；后用1 000倍天达果宝加1 500倍天达裕丰药液与1 000倍天达果宝加3 000～6 000倍99%天达恶霉灵药液交替喷洒，每15天左右喷洒次，连续喷洒2～3次，既可防止低温危害，促进果实快速发育，提前成熟3～7天，又能改善果实品质，增加产量15%～30%。

（7）天达花生豆宝（花生豆类专用天达2116）。大豆、花生等豆科作物，苗期2～3片真叶时喷洒600倍天达壮苗灵加6 000倍恶霉灵药液；初花期用600倍天达花生豆宝加600倍40%多菌灵药液喷洒植株，后间隔10～15天再喷洒1次，连续使用2次，不但能提高花生的抗旱、抗涝、抗病性能，减少根腐病、叶斑病发生，忌避蚜虫，而且可增产花生20%左右。

(8) 天达粮宝（粮食专用天达2116）。小麦3叶期或返青期喷洒600倍天达壮苗灵，拔节期用600倍天达粮宝加用6 000倍99%天达恶霉灵药液喷雾，既可增强小麦对不良环境的适应性能，提高小麦叶片的光合效能，防止并减少小麦白粉病锈病等病害发生，增加产量10%～15%。

玉米3～4叶期喷洒600倍天达壮苗灵，7～10叶期喷洒600倍天达粮宝，可增产10%～15%。

水稻育秧期喷洒600倍天达壮苗灵加6 000倍99%天达恶霉灵药液，能显著提高秧苗抗寒性能，防止或减少病害发生，秧苗健壮；插秧后5～7天喷洒600倍天达壮苗灵；拔节期、孕穗期、灌浆期结合防治病虫害用药，喷洒600倍天达粮宝。不但能够提高水稻的抗冻、抗旱、抗病等抗逆性能，增加有效分蘖，防止徒长，促进植株健壮，而且可增产10%～20%。

(9) 天达棉宝（棉花专用型天达2116）。棉花苗期2～3片真叶时，用600倍天达壮苗灵加6 000倍99%天达恶霉灵药液喷洒；半月后，结合棉花防治病虫害用药，每10～15天喷洒1次600倍天达棉宝，连续使用3～4次，能显著提高棉花的抗旱、抗涝、抗病等抗逆性能；防止或减少棉花枯萎病、黄萎病、炭疽病等病害发生，促进植株根深叶茂，株型合理；并能改善棉花品质，增产棉花20%左右。

(10) 天达药宝。药用植物人参、西洋参、太子参、沙参、党参、黄芪、白芍、甘草、川贝等根用药材，用600倍天达药宝，结合防治病害用药，每10～15天喷洒1次，连续使用，不但能提高其抗旱、耐涝、抗冻、抗病性能，减少病害发生，而且可增产10%～30%。

薄荷、芦荟、荆芥、紫苏、麻黄、藿香、益母草等茎叶用中药材，用800倍天达叶宝喷洒。五味子、枸杞子、白豆蔻、砂仁、丁香等果用药材，用600倍天达叶宝喷洒。天麻用600倍天达药宝喷洒，连续使用3～5次，不但能减少各种病害发生，而且可增产优质药材10%～30%。

(11) 天达菌宝（真菌类专用天达2116）。香菇、平菇、花菇、金针菇、茶树菇、木耳、银耳、灵芝等真菌类，在菌丝发育期、子实体发生期、成菇生长期喷洒600倍天达菌宝或600倍天达叶宝，利于培养基养分快速转化利用，促进菌丝体发育，增加子实体数量，改善成菇品质，提高成菇产量10%～25%。

(12) 天达茶桑宝（茶桑专用型）。茶树、桑树喷洒天达茶桑宝不但能促进其生长发育，叶片肥大、油亮，抗逆性强，而且还能显著提高其茶桑品质和产量。茶树在进入休眠期以前30天左右，用600倍天达茶桑宝加200倍尿素液喷洒植株，每10～15天1次，连续喷洒2次，能提高秋季营养储备水平，保障茶树安全越冬，并能大幅度增加春茶产量，提高春茶品质。春季茶树发芽时和头茬茶叶采罢后，各喷洒1次600倍天达茶桑宝，能防止春季低温、晚霜危害，促进提高春茶产量和品质。

3. 注意事项

(1) 不能与碱性药剂波尔多液、石硫合剂、磷酸二氢钾等混用；不能与含硫、机油等矿物油的药剂混用，也不可与其他叶面肥混用。

(2) 不能与除草剂混用。

(3) 因其对农药有增效作用，所以与农药混用时，应适当降低农药的使用浓度，以免药害发生。

(4) 须现配现用，不能存放。

(5) 要有合理间隔期限，前两次使用，间隔5～7天，以后使用，间隔10～15天。

(6) 预防霜冻的临界温度为－3～－2℃，低于这个温度效果难以保障；遇到霜冻后，只要果实内种子没有变色，就有可能修复，效果十分明显。

（7）天达2116是植物细胞膜稳态剂、植物营养保健剂，它不能取代农药。如果有病虫害发生时，必须结合防治病虫害用药配合使用。要想取得理想效果，须从作物苗期开始使用，以后结合喷药每10～15天喷洒1次，最少使用2～3次，喷洒次数越多，效果越好。

（8）不同作物、不同生育期，应选用适宜型的天达2116产品进行喷洒、涂茎或浇根。

附录2　天达有机硅——高效农药增效渗透展着剂

聚乙氧基改性三硅氧烷，简称有机硅，它能有效降低水的表面张力，具有超强的展着性，接触植物体和靶标后，有优秀的渗透性、内吸性和传导性能。天达生物制药股份有限公司引进开发生产的天达有机硅为100%的聚乙氧基改性三硅氧烷，是一种纯有机助剂，无毒副作用，对作物安全，与各种农药混用配制成水液后，由于它独特的展着、渗透、内吸和传导性能，从而极其显著地增强了药液对植物叶片、茎蔓、枝干及各种靶标生物的浸润、展着、渗透性能，可帮助药剂在喷洒后短短的1小时之内，快速穿透植物体表面蜡层、角质层进入体内，穿透昆虫皮层、菌体外膜进入靶标体内，杀灭昆虫和病菌，从而大大提高了各种药剂的防治效果。

普通药液喷洒后，由于水液表面张力大，展着性、浸润性差，喷洒到靶标上后，50%～70%的药液会快速凝聚成水珠状态，滚落到地面上，农药有效利用率仅为50%左右，而且药剂不能快速被植物体和靶标吸收，喷洒后6～9小时遇雨，则需重喷。

掺混有机硅后的药液，表面张力仅为普通药液的1/3左右，展着性能强，药剂扩展面积是普通药液的15～30倍，可节约药液30%～50%，降低农药用量30%以上；药剂喷洒后能快速浸润、渗透靶标，喷洒后1～2小时，80%的药液可被靶标吸收，即使喷后1小时后就遇雨也无需重喷；且喷后耐雨水冲刷性能强，药效高而持久。

使用方法：可广泛用于杀虫剂、杀菌剂、除草剂、叶面肥、激素和生物制剂的药液配方中，一般每15千克药液中掺加天达有机硅5克（3 000倍）左右。使用时先把有关农药用少量水溶解，后分 2～3 次加入 80%的水量（注意每增加 1 次水量，搅拌 1 次），后加入有机硅，搅拌，再加足 100%水量，搅拌均匀即可。

试验结果表明：使用有机硅 0.025%～0.1%，药效可提高 50%～200%，农药用量可减少 30%左右。可选用小孔喷线，小雾量喷洒，并适当加快喷洒速度。具体使用参考倍数如下：

杀虫剂 0.025%～0.1%（1 000～4 000 倍）

杀菌剂 0.015%～0.05%（2 000～7 000 倍）

除草剂 0.025%～0.15%（700～4 000 倍）

植物生长调节剂 0.025%～0.05%（2 000～4 000 倍）

肥料与微量元素 0.015%～0.1%（1 000～7 000 倍）

注意事项：天达有机硅的 pH 适应范围在 6～8，如果 pH 在 8～9 或 5～6 需现配现用，药液需在 24 小时内用完。

本品对人畜禽无害，但是由于渗透性能强，使用时需做好防护工作，穿好长袖工作服，佩戴手套、口罩和防护镜。

附录3 农药的科学使用与配制

使用化学农药，防治病虫草害，促进作物生长发育，是农业生产必不可少的重要技术措施，如果没有化学农药，蔬菜、果树、粮食、棉花、油料、茶桑、药材、花卉、林木等各项生产的高产、稳产、高效实际上是难以实现的。因此，学会科学准确地使用农药，是每个农民必须具备的基本功。

1. 注意事项

（1）准确选择用药。选择哪些药品，首先要针对作物发生的病虫害种类，选用对其防治效果优良的农药品种，同时还要注意所选农药对作物安全无药害，或基本无药害；对人畜毒性小或基本无毒；对生态环境无污染或基本无污染的农药品种。例如防治蚜虫、白粉虱、美洲斑潜蝇等害虫，可选用2%天达阿维菌素、3%天达啶虫脒、2.5%高效氯氟氰菊酯、48%毒死蜱、蚜虱速克、虫螨克、吡虫啉等药剂防治；或用敌敌畏熏蒸、用蚜虫净发烟弹熏烟防治。

防治螨类、飞虱、木虱、介壳虫等害虫可选用2%天达阿维菌素、3%天达啶虫脒、蚜虱速克、尼索朗、阿维柴油乳剂、石硫合剂等药剂防治。

防治鳞翅目害虫，应选用25%灭幼脲、20%虫酰肼、2.5%高效氯氟氰菊酯、2%天达阿维菌素、48%毒死蜱等药剂防治。

防治疫病、霜霉病等病害，可选用天达裕丰、克露、普力克、阿米西达、恶霉灵、杀毒矾、百菌清、大生、三乙膦酸铝、瑞毒霉、克霜氰等药剂防治，或用克露发烟弹、百菌清发烟弹熏烟防治。

防治灰霉病、菌核病等，可选用恶霉灵、速克灵、扑海因、阿米西达、爱苗乳油、万霉灵等药剂防治，或用利得发烟弹熏烟防治。

发生白粉病、锈病、叶霉等病害可用天达裕丰、粉锈宁、石硫合剂、福星、世高、阿米西达、爱苗乳油、粉必清等药剂防治，或用白粉清发烟弹熏烟防治。

防治枯萎病、根腐病、黄萎病、猝倒病、立枯病等土传真菌性病害以及炭疽病、褐斑病、灰斑病等病害，应选用恶霉灵、甲基托布津、胍鳞胺、敌克松、多菌灵等药剂防治。

防治细菌性角斑、穿孔、缘枯、叶枯、青枯、溃疡、髓部坏死病等细菌性病害，可用百痢停、春雷霉素、诺氟沙星、环丙沙星、氧氟沙星、多宁、多抗霉素、消菌灵、DT 杀菌剂、克杀得、络氨铜等药剂防治。

防治病毒性病害，应选用天达裕丰、病毒一喷绝、消菌灵、病毒 A、菌毒清、植病灵等药剂防治。

（2）用药要适时、及时，要在病虫害预防期与初发生达标期使用，真正做到防重于治，以免病虫有可乘之机，造成危害。

（3）喷药要细致、周密、不漏喷、不重复喷，以免防治不彻底，引起病虫害再度发展或造成药害。

（4）交替使用农药，切勿一种或几种农药混配连续使用，以免使病虫害产生抗药性，降低防治效果。

（5）阴雨天气要用烟雾剂熏烟或粉尘剂喷粉防治。不可使用水剂喷洒，以防湿度提高，为病害发生提供有利条件。

（6）使用浓度要合理，既要保障作物的安全，不发生药害，又能有效地消灭病虫草害，严禁不经试验，随意提高使用浓度，既增加了防治成本，又引起了药害现象发生，造成重大经济损失。

（7）喷药时应配合天达 2116 共同使用，以利提高农药活性，增强药效，减少农药使用量，提高防治效果。

（8）配制农药须掺加有机硅，降低药剂表面张力，增强药剂展着性、渗透性、内吸性和传导性能。提高药剂的耐雨水冲刷性能，降低农药用量，增强药剂效果。

(9) 配制农药须用洁净中性水，不可用碱性水配制药剂，不可用刚刚取出的井水配制农药。如用井水，需要事先晒水，提高水温，增加其含氧量方可用于配制药剂。操作时须先用少量水把药剂配制成母液，再徐徐对水充分搅拌均匀方能喷洒。

2. 稀释方法

稀释农药时，经常使用3种方式来表示农药用量。

(1) 百分比浓度表示法。是指农药的百分比含量。例如40%超微多菌灵，是指药剂中含有40%的原药。再如配制0.1%的速克灵加2,4-D药液蘸番茄花以提高坐果率，是指药液中含有0.1%的速克灵原药。用50%的速克灵配0.5千克药液，需用量计算公式如下：

使用浓度×用水量=原药克数×原药百分比含量

计算如下：

原药克数=0.1%×0.5千克÷50%=1克

称取1克50%速克灵，加入499克水中，搅拌均匀，即为0.1%的速克灵药液。

(2) 倍数浓度表示法。这是喷洒农药时经常采用的一种表示方法。所谓××倍，是指水的用量为药品用量的××倍。配制时，可用下列公式计算：

使用倍数×药品量=稀释后的药液量

例如配制25千克3 000倍天达恶霉灵药液，需用天达恶霉灵药粉约8.3克。

3 000×药品量=25千克

药品量=25×1 000÷3 000=0.008 333 3千克

0.008 333 3×1 000=8.333 3克

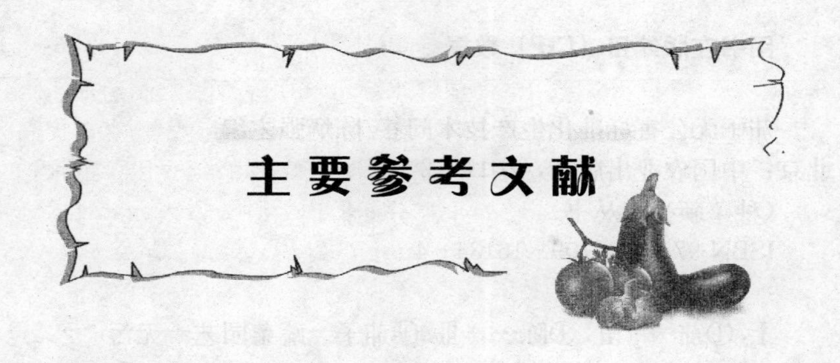

戴明伟，孙培博，韩玉萍，等.2007. 安全菜园建设知识问答［M］. 北京：中国农业出版社.

凌志杰，田与光，于爱民.1995. 节能日光温室蔬菜栽培指南［M］. 北京：中国农业出版社.

吕佩珂，李明远.1992. 中国蔬菜病虫害原色图谱［M］. 北京：农业出版社.

农业部全国农业技术推广总站.1993. 日光温室高效节能蔬菜栽培［M］. 北京：农村读物出版社.

齐品贤.1995. 温室大棚蔬菜病虫害诊断与防治技术［M］. 北京：中国农业出版社.

山东农学院.1982. 蔬菜栽培学各论［M］. 北京：农业出版社.

山东农业大学.1983. 蔬菜栽培学（保护地栽培）［M］. 北京：农业出版社.

孙培博.2000. 节能温室种菜易学易做［M］. 北京：中国农业出版社.

中国大百科全书总编辑委员会.1992. 中国大百科全书（农业）［M］. 北京：中国大百科全书出版社.

中国农业科学院蔬菜研究所.1993. 中国蔬菜栽培学［M］. 北京：中国农业出版社.

图书在版编目（CIP）数据

茄子无公害标准化生产技术问答/陈炳强主编．—北京：中国农业出版社，2011.12
（种菜新亮点丛书）
ISBN 978-7-109-16134-4

Ⅰ.①茄… Ⅱ.①陈… Ⅲ.①茄子—蔬菜园艺—无污染技术—问题解答 Ⅳ.①S641.1-44

中国版本图书馆 CIP 数据核字（2011）第 200485 号

中国农业出版社出版
（北京市朝阳区农展馆北路 2 号）
（邮政编码 100125）
策划编辑 舒 薇
加工编辑 吴丽婷

中国农业出版社印刷厂印刷 新华书店北京发行所发行
2012 年 4 月第 1 版 2012 年 4 月北京第 1 次印刷

开本：850mm×1168mm 1/32 印张：7.5
字数：180 千字 印数：1～10 000 册
定价：17.00 元